David Keulert

KLEINE HUNDE
richtig erziehen

David Keulert

KLEINE HUNDE

RICHTIG ERZIEHEN

Kompakt und auf den Punkt gebracht

Oertel+Spörer

Bildnachweis
Titelbild: photodune-1667764-cute-chihuahua-puppy-standing-on-a-womans-hand-m.jpg
Innenteilbilder: © Sergey Lavrentev - Fotolia.com: S. 28; © DJakob - Fotolia.com: S. 78; © Vidady - Fotolia.com: S. 94; © Martin Hahn - Fotolia.com: S. 122
Alle anderen Fotos von Dr. Gabriele Lehari

Haftungsausschluss
Die Hinweise in diesem Buch wurden von dem Autor sorgfältig recherchiert und geprüft. Es können jedoch keinerlei Garantien übernommen werden. Eine Haftung des Autors, des Verlags und seiner Beauftragten für Personen-, Sach- und Vermögensschäden ist ausgeschlossen.

Bibliografische Information der Deutschen Nationalbibliothek
Die Deutsche Nationalbibliothek verzeichnet diese Publikation in der Deutschen Nationalbibliografie; detaillierte bibliografische Daten sind im Internet über http://dnb.d-nb.de abrufbar.

Postfach 16 42 · 72706 Reutlingen

Lektorat: Dr. Gabriele Lehari
Layout und Satz: Oertel+Spörer Verlags-GmbH+Co. KG, Bettina Mehmedbegović
Druck und Bindung: AZ Druck und Datentechnik GmbH, Kempten/Allgäu
Printed in Germany
ISBN 978-3-88627-852-7

INHALT

Gewidmet meiner Kleinen Amy.
Die mir mit ihrem Verstand und ihrer Auffassungsgabe
viele alternative Wege der Erziehung gezeigt hat
und mich jeden Tag aufs Neue überrascht
und mir ein Lächeln auf mein Gesicht zaubert.

VORWORT

Halter von kleinen Hunden sind oft nicht sehr beliebt, denn sie gelten als zickig und unbelehrbar. Das liegt meistens daran, dass viele Kleinhundehalter sich gern über die Eigenheiten anderer Hunde beschweren, den eigenen Hund aber meistens gar nicht richtig verstehen. „Der Kleine ist doch nur ein Schoßhund", heißt es dann oft. Doch Hund ist Hund, so etwas wie einen Schoßhund gibt es in der Form also gar nicht. Oft wird Kleinhunden sogar systematisch beigebracht, sich nicht mehr wie ein normaler Hund zu benehmen, was später mit Problemen im Verhalten und vielleicht sogar starken Verhaltensstörungen quittiert wird.
Zunächst einmal sollten sich Interessierte also bewusst sein, dass es den typischen Schoßhund einfach nicht gibt. Im Gegenteil: Kleine Hunde wollen oft sogar noch mehr gefordert werden als große. Ob klein oder nicht, vor allem ist Hund aber einfach Hund und möchte sich auch so verhalten dürfen.

AUCH KLEINE HUNDE BRAUCHEN ERZIEHUNG!

Wer sein Tier also nicht zwanghaft umerzieht und alles Natürliche an ihm zu ändern versucht, der kann auch mit einem Kleinhund eine Menge Spaß haben. Letztendlich ist so gut wie alles möglich, was auch mit einem größeren Hund geht, seien es nun ausgiebige Spaziergänge durch den Wald oder das Stöckchenholen am Straßenrand. Auch Kleinhunde sind echte Hunde, die sich gern bewegen, intellektuell gefordert werden und lernen wollen. Ich habe besonders die kleinen Hunde immer als sehr aufgeweckt und lebendig erlebt, aber eben nur dann, wenn sie auch richtig erzogen wurden.

In diesem Buch möchte ich nun nicht eigene Produkte loben, wie es oft in anderen Ratgebern der Fall ist. Ich möchte keine Clicker verkaufen und rate von Futter-Dummys ab, sondern setze vielmehr auf die klassische Erziehung. Keine Gewalt, kein Zwang, sondern allein das Verständnis zwischen Hund und Halter wird für eine dauerhafte Bindung und Erfolge sorgen. Handelsübliche Produkte sind dabei fehl am Platz, denn vieles von dem, was heutzutage angepriesen wird, ist meiner Meinung nach alles andere als sinnvoll, vielmehr vollkommen überflüssig.

Genau das brachte mich am Ende auch zum Schreiben eines eigenen Buches, denn egal wo ich auch stöberte, das richtige Buch zu diesem Thema habe ich nicht gefunden. Oft waren die Informationen auch viel zu ausführlich, wirkten fast künstlich gestreckt. Methoden, die in einem Satz hätten erklärt werden können, wurden auf zwei Seiten beschrieben. So etwas werden Sie in diesem Buch nicht finden, denn hier lautet das Motto: „Kompakt und auf den Punkt gebracht."

DIE ERSTEN SCHRITTE

Sobald der kleine Hund bei Ihnen einzieht, beginnen die ersten Lektionen und Erziehungsübungen. Außerdem müssen eine enge Bindung und gegenseitiges Vertrauen aufgebaut werden – die Basis für ein harmonisches Zusammenleben.

Vertrauen aufbauen und stärken

Vertrauen ist in der Beziehung zwischen Mensch und Hund enorm wichtig, denn nur mit gegenseitigem Vertrauen kann die Erziehung auch tadellos gelingen. Am Anfang fällt dies beiden sicherlich noch schwer, doch mit der Zeit wird der Hund zu Ihnen aufschauen und Ihnen langsam vertrauen. So werden Sie zu einer wichtigen Person, quasi einer Stütze, auf die sich das Tier blind verlassen kann und nach der es sich richtet.
Vertrauen kommt mit der Zeit und von allein, nämlich immer dann, wenn Ihr Hund merkt, dass Sie für ihn da sind und ihn in wichtigen Situationen unterstützen. Sie beschützen ihn, sorgen dafür, dass er Futter hat und es ihm gut geht, und Sie sind da, wenn es mal brenzlig wird.

Um dieses Vertrauen weiter zu unterstützen, gibt es im Welpenalter einige Tricks, um die Bindung zu stärken. Klären Sie mit der Familie und Freunden ab, dass nur Sie selbst Ihren Hund auf den Arm nehmen dürfen. Für Freunde und Bekannte ist das erst einmal tabu. Ebenso tabu sind Streicheleinheiten am Bauch oder intensives Kuscheln und gemeinsames Kontaktliegen, denn dies soll der Welpe zunächst ausschließlich mit Ihnen erleben. Natürlich muss dabei auch der Kontakt zu anderen Menschen ganz normal ermöglicht werden, doch alles, was über ein „normales" Streicheln hinausgeht, gibt es erst einmal nur exklusiv von Ihnen, nicht aber von Freunden und Bekannten. So können Sie das Vertrauen ein wenig schneller und effektiver aufbauen, vor allem natürlich auch die Bindung stärken.

Stubenreinheit

Eines der ersten Dinge, die ein Welpe lernen muss, ist ganz sicher die Stubenreinheit. Das klappt nicht einfach so von Anfang an, sondern erfordert viel Training, Ausdauer und Konsequenz, also all die Dinge, die für die Hundeerziehung sowieso essenziell sind. Wichtig ist vor allem aber nicht zu verzweifeln, denn die Erziehung zur Stubenreinheit kann unter Umständen eine ganz schön langwierige Sache sein. Oft wird unter Haltern von kleinen Hunden die Frage nach einer Welpentoilette beziehungsweise einem Katzenklo diskutiert. Die einen meinen, es würde dafür sorgen, dass der Hund niemals richtig stubenrein wird, die anderen sprechen davon, dass es für kleine Hunde angebracht sei, da diese angeblich nicht so lange anhalten können. Ich selbst gehöre zu keiner dieser beiden Gruppen. Ich finde eine Welpentoilette durchaus sinnvoll, jedoch nur für eine begrenzte Zeit.
Besonders geeignet ist eine Welpentoilette oder ein Katzenklo natürlich für solche Hundebesitzer, die in einem Hoch- oder Mehrfamilienhaus wohnen und daher nur schwer die Möglichkeit haben, mitten in der Nacht blitzschnell bis nach unten auf die Wiese zu laufen. Auch für extreme Schläfer macht es durchaus Sinn, denn manch einer schafft es eben einfach nicht aufzustehen, wenn der Hund sich um drei Uhr in der Nacht meldet – selbst wenn er es gern würde.

Aber auch für Hundehalter, auf die solche Dinge nicht zutreffen, ist eine Welpentoilette oder ein Katzenklo schlichtweg praktisch und so richtig ernste Gründe, warum darauf verzichtet werden sollte, gibt es letztendlich nicht. Meine Meinung zu dem Thema ist einfach, dass die Erziehung mit einer Welpentoilette am Ende zwar ein wenig länger dauert, dafür aber entspannter ist, die Nerven schont und die Rechnung für Putzmittel nicht unnötig in die Höhe treibt. Doch schauen wir uns am besten beide Methoden an. Schließlich sollte jeder seine eigene Wahl treffen und dafür am Ende auch das nötige Grundwissen besitzen.

Stubenreinheit ohne Welpentoilette

Wer seinen Hund stubenrein kriegen möchte, muss ihn jedes Mal, wenn er muss, sofort nach draußen auf die Wiese tragen. Der Welpe soll das „Sich-Lösen" in Verbindung mit Gras unter den Pfoten bringen. Je öfter das gelingt, desto schneller wird er stubenrein. Wenn der Welpe sich gerade in der Wohnung entleert, muss dieses unterbrochen und er sofort nach draußen getragen werden. Am besten sollte man den Hund immer gut beobachten und schnell reagieren, damit man schon vorab erkennt, wann er raus muss, und handeln kann, bevor er sich in der Wohnung bereits entleert hat.

Viele Welpen müssen beispielsweise immer kurz nach dem Fressen nach draußen, auch nach dem Spielen müssen viele einmal austreten und ebenfalls nach dem Schlafen. Bei meiner Chihuahua-Hündin traf dies allerdings nicht zu. Sie musste immer ungefähr eine Stunde nach dem Fressen raus, nach dem Spielen aber nie. Um Fehltritte in der Wohnung komplett zu vermeiden, sollte ein Welpe alle zwei Stunden einmal hinausgebracht werden. Mit der Zeit und durch Beobachtung merkt man dann, wann der Hund wirklich muss, vor allem aber, welche Zeiten

typisch für ihn sind und nach welchen Aktionen er rausmöchte. Bis dies erlernt ist, geht man einfach alle ein oder zwei Stunden mit ihm vor die Tür, um so auf der sicheren Seite zu sein.
Das wird nun konsequent und fortlaufend durchgezogen. Also den Welpen immer genau beobachten! Typische Anzeichen dafür, dass er sich gleich lösen muss, sind zum Beispiel das Herumschnüffeln oder das plötzliche Beenden eines Spiels. Mit der Zeit kann man so immer zuverlässiger feststellen, wann der Hund so weit ist und hinaus muss, und man kann den Tag entsprechend planen.

Allerdings kann es bis dahin immer mal wieder vorkommen, dass es eine Pfütze in der Wohnung gibt. Um dieses Risiko zu minimieren, sollte sich der Welpe anfangs immer im gleichen Raum mit einer Person aufhalten. Er sollte erst mal nicht frei durch die gesamte Wohnung laufen dürfen, denn für ihn ist das alles echt riesig und es ist wirklich schwer, ihn zu kontrollieren.

Wenn der Welpe verstanden hat, dass er sich nur draußen entleeren soll, dann lassen sich die zeitlichen Abstände zwischen dem Rausgehen allmählich vergrößern. Anstatt alle zwei Stunden geht man nur noch alle drei Stunden mit ihm raus und so weiter. So lernt er mit der Zeit, seine Blase zu kontrollieren und auch mal etwas länger anzuhalten.

IM AUGE BEHALTEN

Bis der kleine Vierbeiner also stubenrein ist, immer Türen schließen und ein Auge auf ihn haben, der Welpe sollte sich also immer im selben Raum und in Sichtweite aufhalten.

Stubenreinheit mit Welpentoilette

Wer als Zwischenschritt für die Erziehung zur Stubenreinheit eine Welpentoilette beziehungsweise ein Katzenklo nutzt, macht es sich am Anfang zwar deutlich einfacher, wird letztlich aber länger brauchen. Im Grunde läuft die Erziehung zur Stubenreinheit mit Toilette genauso ab wie die Methode ohne Welpentoilette, nur dass man den Welpen anstatt nach draußen sofort in die Toilette setzt, wenn er muss, sich auffällig unruhig verhält oder im schlimmsten Fall gerade auf den Teppich macht.

Das Prinzip ist also recht einfach und tatsächlich funktioniert das Training zunächst auch deutlich schneller als die Erziehung ohne Welpentoilette. Das liegt daran, dass die Welpentoilette eher verfügbar ist als die Wiese draußen und der Hund somit schneller eine Verbindung zwischen „machen" und dem Katzenklo herstellt. Nach einigen Malen ist es meistens auch schon verstanden: Der Welpe wird dann von ganz allein sein persönliches stilles Örtchen aufsuchen. Das ist Luxus für den Halter, denn auch nachts weiß der Hund bereits relativ schnell, wo er hingehen muss, um sein Geschäft zu verrichten. Einziger Nachteil – es stinkt und muss entsprechend gereinigt werden.

Sinnvoll bei der Erziehung mit einer Welpentoilette wäre es auch, dass diese nicht ausschließlich genutzt wird, sondern im Idealfall nur nachts. Achten Sie also darauf, trotzdem oft mit dem Welpen vor die Tür zu gehen, ihn zu beobachten und zur typischen Zeit einen Spaziergang mit ihm zu unternehmen. Er soll und muss sich auch draußen lösen können, sonst macht er am Ende nur noch im Katzenklo, was auf gar keinen Fall das Ziel sein sollte.

Die Welpentoilette oder das Katzenklo sind also nur Notfalllösungen, das Augenmerk sollte unbedingt darauf liegen, dass der Hund sein Geschäft draußen vor der Tür erledigt.

KEIN KATZENSTREU

Für die Welpentoilette sollte auf gar keinen Fall handelsübliche Katzenstreu verwendet werden. Katzenstreu kann giftig und gefährlich für den Welpen sein, meistens ist es auch wirklich laut und steinig. Vor allem ist es aber nicht ungefährlich, denn Welpen haben schnell etwas davon im Maul und Magen, was eventuell schlimme Folgen haben kann.
Kaufen Sie lieber von Anfang an spezielle Streu für Hunde. Diese besteht aus Naturfasern, saugt gut auf und verklumpt sofort, was die Reinigung einfacher macht und das Leben des Welpen sicherer. Viel teurer als Katzenstreu ist diese Streu übrigens auch nicht.

Die Gewöhnung an das Katzenklo geht bei Kleinhunden also sehr schnell, doch dann folgt das Thema, es ihnen wieder abzugewöhnen. Da Gewohnheiten immer schwer zu ändern sind, muss der Welpe die Stubenreinheit im Grunde noch einmal ganz neu erlernen. Tagsüber sollte man die Welpentoilette nun öfter mal für einige Stunden wegstellen, damit er sich nicht immer sofort, wenn er muss, lösen kann, sondern auch mal das Anhalten übt. Alternativ muss man nun mit ihm nach draußen gehen, wenn er machen soll oder muss. Klappt dies gut, kann man die Abstände zwischen dem Rausgehen vergrößern, damit der Welpe lernt, seine Blase zu kontrollieren und länger anzuhalten. In der Nacht kann das Katzenklo natürlich erst einmal weiterhin benutzt werden.
Mit der Zeit wird der Welpe deutlich länger aushalten, er wird in der Nacht durchschlafen und nicht mehr müssen, was man morgens dann freudig feststellt, da seine Toilette leer bleibt. Jetzt ist es an der Zeit, das Katzenklo komplett zu entfer-

nen. Ab sofort darf sich der Welpe nur noch draußen lösen. Hier muss man aber wieder besonders aufmerksam und schnell sein, um die Situationen rechtzeitig zu erkennen, und dann mit ihm vor die Tür gehen. Da er nachts bereits nicht mehr machen sollte, sondern anhalten kann, ist die Arbeit am Tag durchaus zu erledigen. Während dieser Phase muss man den Welpen aber genau im Auge behalten, damit auch wirklich nichts schiefgeht.

Egal für welche Methode man sich am Ende entscheidet, es wird immer wieder zu kleinen Malheuren in der Wohnung kommen. Diese gilt es dann still hinzunehmen, ein wenig Schimpfen ist okay, zu starkes Schimpfen sorgt aber wieder für einen negativen Effekt. Was hilft, ist hier nur viel Geduld, denn der Hund muss sich eben lösen und hat es noch nicht anders gelernt. Also immer wieder raus oder auf das Katzenklo tragen, so lange, bis es von dem Welpen wirklich verinnerlicht und verstanden wurde.

Die Grundregeln

Erziehung fängt direkt nach der Geburt an. Erst einmal übernimmt diese Aufgabe die Mutter, später übernimmt das dann der Mensch als Rudelführer. Der Welpe muss von Anfang an verstehen, was man von ihm erwartet, man sollte also immer in einer klaren und nachvollziehbaren Linie arbeiten und nie impulsiv sein. Das Tier soll schon zu Beginn verinnerlichen, dass der Mensch genau weiß, was er tut, und der Hund sollte voll hinter diesen Entscheidungen stehen.
Es gibt Regeln im Zusammenleben, an die sich der Hund halten muss, und diese Regeln sind immer dieselben. Was heute gilt, das gilt auch morgen und auch

nächste Woche und nächstes Jahr. Das ist wichtig für den Alltag, denn nur wenn der Hund einem vertraut, wird er einem auch in jeder Situation folgen und gehorchen. Wenn man heute etwas erlaubt, was man morgen verbietet, dann verunsichert das den Hund aber nur und er bekommt den Eindruck, der Mensch sei unzuverlässig und wisse selbst nicht so richtig, was Sache ist. In dem Fall wird er dem Menschen nicht vertrauen, sondern seine Entscheidungen einfach selbst treffen.

Erziehung vom ersten Tag an

Im Alter von acht bis zwölf Wochen ziehen Welpen meist bei der Familie ein und schon jetzt sollte sofort die Erziehung beginnen, um früh die ersten Früchte ernten zu können. Eine wichtige Grundregel dabei ist es, den Welpen, egal wie klein und niedlich er ist, nicht zu verhätscheln. Er muss die Welt erforschen dürfen, muss sich hin und wieder mal erschrecken, dann aber auch selbst über den eigenen Schatten springen und den Schritt noch einmal wagen. Wer ihn dagegen immer wieder hochhebt, sobald es brenzlig wird, der unterstützt nur seine Angst und fördert sie sogar noch, weshalb der Hund später mit großer Wahrscheinlichkeit zum nervigen Nörgler oder Angsthasen wird.
Das mögen zwar viele Halter, weil sie dann natürlich „gebraucht" werden, doch dabei sollte auch niemand vergessen, dass ein ängstliches Verhalten niemals positiv oder natürlich ist, sondern nur für den Menschen selbst niedlich erscheint. Dem Tier wird damit jedenfalls kein Gefallen getan, im Gegenteil – der Hund leidet dann unter negativem Dauerstress, weil er nie gelernt hat, mit schwierigen Situationen umzugehen.
Schon jetzt erkennen die meisten Halter eine wichtige Grundregel: Erziehung ist kein Spaß, vielmehr werden einige nun ihre eigenen Eltern besser verstehen. Die richtige Entscheidung zu treffen, bedeutet häufig nämlich auch loszulassen. Den

Hund konsequent zu erziehen, heißt also auch, nicht immer sein bester Freund zu sein. Es geht bei Erziehung nicht darum, den Hund zu verhätscheln, weil er ja so niedlich ist und es so gern mag, sondern es geht darum, ihn auf sein späteres Leben vorzubereiten, ihm die Angst vor Neuem und Fremdem zu nehmen und ihn so zu stärken, dass er Probleme bewältigen kann. Er soll seine Persönlichkeit entwickeln und die Welt, in der er lebt, kennenlernen, damit er später nicht ständig unter Angst leiden muss. Hier gibt es die häufigsten Fehler, weil Halter nicht mit dem Kopf denken, sondern das Tier nur in jeder Situation knuddeln und ihm helfen wollen. Genau das ist aber der absolut falsche Weg.

Knuddeln erlaubt

Doch Moment mal, wird bei der Erziehung etwa gar nicht geknuddelt? Doch natürlich, nur eben nicht in jeder Situation. Sogenanntes Kontaktliegen ist aber dennoch sehr wichtig für die Bindung, deshalb immer mal wieder mit auf den Boden legen. Streicheleinheiten, Verwöhnprogramm – alles ist erlaubt, nur eben alles zu seiner Zeit und immer in entspanntem Zustand und nicht, wenn das Tier selbst es fordert. Der Mensch ist der Rudelführer, das muss auch von Beginn an klar sein, damit es später nicht zu Kämpfen um die Rangordnung kommt. Sind die Rollen dagegen klar verteilt, ist auch die kommende Pubertät meist deutlich einfacher durchzustehen, aber mit diesem Thema beschäftigen wir uns später noch ausführlicher.

Wichtig ist am Anfang das richtige Verständnis für Erziehung zu haben, denn nur mit starkem Geist und konsequenter Persönlichkeit kann diese am Ende auch wirklich gelingen. Sinnvoll sind auch grundlegende Kenntnisse von der Rangordnung, denn auch hier sollten einige Dinge von Beginn an eingehalten werden, um mögliche Probleme schon vorab einzudämmen.

Kein Sabbeln, keine Babysprache

Ein großer Fehler, den viele Halter von Kleinhunden immer wieder begehen, ist es, den Hund unnötig vollzutexten. Auch Babysprache ist nur allzu beliebt, sind die kleinen Hunde doch so unglaublich niedlich. Das ist ein großer Fehler, denn umso mehr gesabbelt wird, umso stärker ignoriert der Hund seinen Menschen. Er blendet die Gespräche irgendwann sogar nahezu komplett aus, deshalb sollte grundsätzlich so wenig wie möglich mit dem Hund geredet werden. Senden Sie Ihrem Tier stattdessen klare und eindeutige Signale und Befehle. Benutzen Sie auch keine Babysprache, sondern eine klare, starke und selbstbewusste Stimme. So steht der Kommunikation mit dem Tier kaum etwas im Wege.

Es ist wie im Leben: Nur wer eine klare Linie fährt und mit deutlich starker Stimme spricht, wird gehört und wahrgenommen. Wer dagegen nur leise flüstert, der wird gern einmal übergangen. Also immer bestimmt und selbstbewusst auftreten, statt auf den Hund sinnlos einzureden.

Die Rangordnung

Ein Verständnis für die Rangordnung in einem Hunderudel zu haben, ist wichtig, denn sobald der Welpe einzieht, wird er in das Familienrudel aufgenommen und sucht dort nach seiner festen Position. Die darf auf gar keinen Fall ganz oben sein, sondern sollte sich ganz unten befinden, um so Kämpfe um die Rangordnung von Anfang an auszuschließen.

Die Rangordnung lässt sich relativ einfach klären, denn eigentlich müssen dafür nur einige grundlegende Regeln beachtet werden. Wenn diese berücksichtigt und dem Tier konsequent vermittelt werden, wird es auch mit großer Wahrscheinlichkeit keine Probleme in Bezug auf die Rangordnung geben.

Der Mensch gewinnt immer

Ein wichtiger Punkt in der Rangordnung ist es, dass der Mensch immer das Spiel gewinnt. Der Ranghöhere ist am Ende der Sieger, triumphiert dagegen aber der Hund, hält er sich selbst für ranghöher. Daher sollte immer der Mensch zum Schluss als Sieger aus Spielen hervorgehen. Ebenso darf keine Dominanz beim Spielen geduldet werden. Fängt der Hund also das Knurren an, beendet man sofort das Spiel, entfernt sich und ignoriert den Welpen für einige Minuten.

Nie vom Tisch füttern

In einem Rudel frisst zunächst das Alphatier, erst danach kommen die anderen an die Reihe. Für das Rudel innerhalb der Familie bedeutet dies, dass der Hund niemals vom Tisch gefüttert wird und auch immer erst nach dem Essen der Familie seine Mahlzeit erhält. Letzteres ist vielleicht nicht immer möglich, doch insgesamt sollte schon darauf geachtet werden, dass der Hund erst nach dem eigenen Essen sein Futter bekommt. Am besten ist dabei ein fester Platz zum Füttern, vor allem aber: niemals am Tisch. Konsequent sein ist wichtig, was übrigens für alle in der Familie gilt, auch für Oma und Opa sowie Freunde.

Der Chef geht vor

Der Chef in einem Rudel hat immer den Vortritt. Andere Hunde machen für ihn Platz, wenn er vorbei möchte. Er ist es, der als Erster durch eine Tür geht. Auf diese

Regel sollte man ruhig von Anfang an bestehen, da sie relativ einfach umzusetzen ist und dem Hund klare Zeichen gibt. Der Mensch ist das Alphatier, also geht er auch zuerst nach draußen oder lässt den Hund aufstehen, um an ihm vorbeizugehen. Ausweichen oder über ihn steigen, was gerade bei einem kleinen Hund ja recht einfach ist, sollte vermieden werden. Lieber demonstrativ dafür sorgen, dass das Tier für einen Platz machen muss. Dies zeigt ihm nämlich ganz deutlich, wer der Chef im Rudel ist.

Niemals dem Hund folgen

Gerade draußen sind viele Halter manchmal angespannt, wenn ihr Hund außer Sichtweite ist oder nicht mehr folgt. Der größte Fehler ist es aber, nun umzudrehen und ihn zu holen, denn er muss dem Menschen folgen, nicht umgekehrt. Was am Anfang meistens noch nicht klappt, funktioniert dann recht schnell, wenn der Hund erst einmal gemerkt hat, dass man ruckzuck weg ist, wenn er nicht aufmerksam ist, aufpasst und folgt.

Bei mir hat sich folgende Methode als besonders effektiv erwiesen: Ist der Hund außer Sichtweite, gehe ich deutlich schneller, renne vielleicht sogar ein Stück oder jogge. Sobald der Hund nun merkt, wie weit ich bereits entfernt bin, kommt er meist sehr schnell angerannt und prägt sich ein, in Zukunft dann doch besser näher bei mir zu bleiben.

Alternativ ist ein Training mit Richtungswechseln zu empfehlen. Also einfach immer mal wieder beim Spazierengehen in die andere Richtung rennen, damit das Tier lernt, einem zu folgen und vor allem auf den Rudelführer zu achten. Doch der größte Fehler ist und bleibt das Warten oder Umdrehen. Wenn der Hund abgelenkt ist und nicht mehr folgt, sollte auch Blickkontakt komplett vermieden werden –

einfach weitergehen, denn nur das Alphatier gibt die Richtung an, alle anderen folgen. Wer es schafft, sich hier ein- oder zweimal durchzusetzen, der hat die größte Hürde meist schon genommen.

Der Mensch darf alles

Dieser Tipp befasst sich vor allem mit dem für den Hund verfügbaren und zugänglichen Platz. Der sollte nämlich stets begrenzt werden. Es darf also ruhig verbotene Zonen oder Ecken für das Tier geben. Der Mensch ist im Rudel das Alphatier, er darf sich somit überall hinlegen, auch direkt in den Hundekorb. Das Bett, also der Schlafplatz vom Rudelführer, sollte eigentlich tabu für den Hund sein, doch mal ehrlich, bei einem kleinen Hund ist dies meistens nur schwer möglich, vor allem aber auch oft nicht gewollt. Trotzdem sollte der Hund kein Recht auf einen Platz im Bett haben. Es ist wichtig, dass man sich immer zuerst im Bett befindet. Erst wenn der Mensch es erlaubt, darf der Hund ebenfalls hoch, aber auch nur auf Wunsch oder Befehl und nicht, wenn er bettelt oder eigenständig hochspringt.

Der Chef hat immer die Wahl

Zuletzt noch eine wichtige Information: Der Rudelchef trägt die Verantwortung dafür, dass es allen Mitgliedern des Rudels gut geht. Er sorgt für Nahrung und Sicherheit, für Frieden innerhalb der Gruppe und muss alle wichtigen Entscheidungen treffen. Wenn er diese Aufgaben zuverlässig und klug bewältigt, dann können ihm die Mitglieder des Rudels blind vertrauen und werden ihm folgen und gehorchen.

Im Gegenzug für diese große Verantwortung genießt der Rudelchef aber auch alle Privilegien. Ihm gehören das Haus und der Garten (Revier), ihm gehören alle Spielzeuge, ihm gehören alle Nahrungsmittel (Ressourcen) in seinem Revier. Somit kann er entscheiden, wann und ob er selbst etwas isst und wann die anderen was und wie viel essen dürfen. Er lässt die anderen mit seinem Spielzeug spielen oder spielt selbst auch mit. Er kann den anderen aber auch verbieten, mit seinem Spielzeug zu spielen. Er darf in seinem Revier den Schlafplatz selbst wählen und sich jederzeit frei im Haus und Garten bewegen. Er kann den anderen erlauben, in seiner Nähe zu sein, oder sie auf Abstand halten.

ER KANN ALLES, ER MUSS ABER NICHTS.

Das ist wichtig. Doch auch wenn er alles kann und nichts muss, so darf er diese Macht niemals missbrauchen oder ständig zur Schau stellen, denn dann verliert er schnell die Achtung und das Vertrauen seines Rudels. Wer die Macht hat, der hat es auch nicht nötig, diese ständig allen unter die Nase zu reiben. Es reicht, wenn alle wissen:

ER KÖNNTE, WENN ER WOLLTE.

Leckerlis und deren richtiger Einsatz

Ohne Leckerlis keine Erziehung?! Der Satz stimmt so nicht ganz, denn auch mit verbalen Belohnungen ist ein erfolgreiches Training möglich. Allerdings gestalten Leckerlis das Leben deutlich angenehmer, denn sie beschleunigen den Lernprozess und stellen für den Hund zusätzliche Anreize dar, möglichst schnell und direkt zu reagieren beziehungsweise aufmerksam zu sein – schließlich gibt es am Ende den kleinen Snack. Doch Leckerlis werden auch oft inflationär und falsch eingesetzt. Den Welpen immer für alles zu belohnen, bringt nämlich schnell wieder Probleme mit sich. Vielmehr sollten Leckerlis nur dezent und in kleinen Dosen eingesetzt werden, gerade bei Kleinhunden.

Damit ist die erste Regel auch schon ausgesprochen, denn dezenter Einsatz bedeutet auch, minimalistische Leckerlis zu verfüttern. Ganze Hundekekse kann der Labrador Retriever einer Freundin bekommen, ein Kleinhund braucht nur winzige Stückchen davon. Am besten ist es daher, die Leckerlis bereits vorab zu zerkleinern und in ein Döschen zu packen, dann bleiben sie frisch und sind bereits zugeschnitten. Die perfekte Größe ist nicht wichtig, aber größer als zwei oder drei Stecknadelköpfe sollte ein Leckerli für das Training nicht sein. Winzige Belohnungen also, die dafür umso leckerer sind.
Ebenfalls wichtig bei der Verwendung von Leckerlis ist es, diese nicht regelmäßig zu geben. Klar, am Anfang, wenn ein Kommando noch nicht richtig sitzt, darf es immer eine Belohnung geben, doch später nur noch ab und zu. Speziell Welpen merken sich nämlich gern, dass es eine Belohnung geben könnte. Wird diese nun immer gefüttert, führen sie Befehle auch nur noch mit einem Leckerli vor der Nase aus. Also immer darauf achten, dass zwischen den Leckerlis auch hin und wieder ausschließlich ein akustisches Lob wie ein „Fein" erfolgt.

Besondere Belohnungen sollte es auch für besondere Ereignisse geben. Daher schneidet man sich immer etwas extra Feines zurecht, packt davon aber nur zwei bis drei Stücke für einen Spaziergang ein. Kommt es nun zu einer speziellen Situation, in welcher der Hund perfekt gehorcht, bekommt er eines der besseren Leckerlis. Solch ein Moment kann zum Beispiel sein, wenn er ohne Reaktion an einem Jogger vorbeigeht oder sich besonders brav gegenüber fremden Menschen verhält.

Hier muss jeder selbst entscheiden, wann sein Hund etwas Besonderes getan hat, denn jedes Tier ist unterschiedlich und in Fällen, in denen einer bellt, ignoriert es vielleicht ein anderer. Letztendlich ist nur wichtig: Für etwas ganz Tolles darf es auch ruhig eine extra tolle Belohnung geben.

Richtiges Timing

Zum Abschluss des Kapitels noch der wichtige Hinweis darauf, dass Leckerlis sofort nach Eintreten der gewünschten Aktion zu geben sind. Maximal drei Sekunden sollten zwischen Aktion und Leckerligabe vergehen, danach macht es nämlich keinen Sinn mehr, weil der Hund das Leckerli nicht mehr der Aktion zuordnen kann. Belohnungen also immer schon vorab in der Hand halten, nicht erst danach aus der Tasche holen, dann ist es nämlich meist schon zu spät. Sehen sollte der Hund das Leckerli natürlich erst nach dem Befehl, denn diesen soll er schließlich auch ausführen, ohne zu wissen, dass es gleich ein Leckerli gibt.

DIE ERZIEHUNG KANN BEGINNEN

Mit dem Wissen, das ich in dem ersten Kapitel beschrieben habe, sind Sie nun über die wichtigsten Grundlagen informiert und dafür gewappnet, mit der Erziehung Ihres kleinen Vierbeiners zu beginnen. Im Folgenden finden Sie eine einfache Anleitung für die Erziehung. Dieses Buch soll ja ein praktischer Ratgeber sein – eben auf den Punkt gebracht.

Die Anfänge der Erziehung sind oft gar nicht so einfach, denn nun muss direkt mit dem Tier kommuniziert werden. Der Welpe soll alle wichtigen Befehle erlernen und festigen. Gemeint sind hier Kommandos wie Sitz, Platz, aber vielleicht auch ein erster Trick.

Grundlegende Kommandos

Die grundlegenden Kommandos sind äußerst wichtig, denn sie sind das Fundament für den Gehorsam sowie weitere Übungen und kleine Tricks. Einige Aspekte sollten dabei von Anfang an klar sein, denn nur wenn diese von Beginn an auch beachtet werden, lernt der Hund, die Kommandos richtig zu verstehen.

- Es erfolgt immer zunächst das Handzeichen, erst nach Ausführung ertönt das akustische Signal, wie beispielsweise „Sitz“.
- Wenn man damit beginnt, einem Hund ein neues Kommando beizubringen, so wählt man immer erst einen ruhigen Ort ohne größere Ablenkung, wie zum Beispiel das Wohnzimmer oder den eigenen Garten. Erst wenn ein Kommando hier

zuverlässig funktioniert, kann auch an anderen Orten und mit verschiedenen Ablenkungsreizen trainiert werden. Dort müssen Sie allerdings immer mal wieder mit Rückschlägen rechnen, weil das, was im eigenen Garten klappt, in fremder Umgebung meist nicht perfekt gelingt. Der Hund muss erst lernen, dass das Kommando auch an verschiedenen Orten und in verschiedenen Situationen gilt, er muss es generalisieren. Kommandos sollten also nie ausschließlich am gleichen Ort eingeübt werden, sondern man sollte auch immer die Umgebungen wechseln und ruhig auf dem Spaziergang des Öfteren einen Befehl abrufen.

- Das Training sollte immer in entspannter und freundlicher Atmosphäre erfolgen und nicht, wenn man ungeduldig und gereizt oder selbst schlecht gelaunt ist. Auch der Hund muss in entspannter und lernbereiter Stimmung sein und nicht gerade total hibbelig oder aufgedreht. Nur so ist ein erfolgreiches Training überhaupt möglich.
- Trainieren Sie Immer nur wenige Minuten am Stück, dafür aber mehrmals am Tag. Ein Hund, besonders ein Welpe, kann sich nämlich nicht sehr lange konzentrieren. Ein zu langes Üben führt demnach schnell zu Misserfolgen und zu Frust bei Hund und Halter. Am besten also rechtzeitig aufhören, und zwar zu einem Zeitpunkt, bei dem die Kommandos noch richtig umgesetzt werden. Das Training sollte immer mit einem Erfolgserlebnis beendet werden.

Der Name

Auf Spaziergängen oder bei Besuchen wird es oft deutlich, dass viele zwar glauben, ihr Hund höre auf seinen Namen, dies aber oft nicht der Fall ist. Eine ganze Menge Hunde kennen ihren Namen eigentlich gar nicht richtig, deshalb muss dieser dem Hund von Anfang an beigebracht werden. Der Name ist dabei immer ein Aufmerksamkeitssignal, kein Befehl zum Kommen. Das Ziel ist, dass der Hund aufmerksam herschaut, sobald sein Name gerufen wird, und anschließend konzentriert ist, wenn man ihm ein Kommando gibt.

Lernen lässt sich dies nur mit der Zeit. Beobachten Sie Ihren Hund genau, denn immer wieder wird er zu Ihnen heraufschauen. Und dann nennen Sie ihn schnell beim Namen und loben ihn oder spielen mit ihm. So weiß er, dass etwas Tolles passiert, und ist in einer aufmerksamen Erwartungshaltung, sobald er seinen Namen hört. Dieses Spiel wird einfach permanent wiederholt, bis der Welpe zuverlässig aufschaut, sobald sein Name genannt wird. Dabei soll der Name natürlich immer positiv wirken und daher nicht in Verbindung mit Schimpfen oder anderen negativen Erlebnissen benutzt werden.

Abrufen

Auch das Abrufen sollte von Anfang an in Haus und Garten erlernt werden. Erst ruft man den Namen und sobald der Hund dann aufschaut, lockt man ihn zu sich. Wenn der Hund auf dem Weg zu einem ist, ruft man das Kommando „Komm". Locken kann man den Hund zum Beispiel damit, dass man einfach in die Hocke geht – eventuell mit einem Leckerli in der Hand – und dabei leicht auf die Schenkel oder auf den Boden klopft oder indem man spielerisch ein kleines Stück wegläuft. Jeder Hund ist da anders und reagiert auf andere Signale. Wenn man seinen eigenen Hund gut kennt, weiß man das am besten und findet schon heraus, wie man ihn animieren kann, zu einem zu kommen. Sobald er auf dem Weg in Ihre Richtung ist, sprechen Sie das deutlich aus. Ist er dann bei Ihnen angekommen, loben Sie ihn und freuen Sie sich. Vielleicht bekommt er auch ein Leckerli. Man sollte dem Hund unbedingt zeigen, dass er das gut gemacht hat und man glücklich ist. Schon nach wenigen Wiederholungen sitzt diese Übung meist schon recht gut.

Wichtig ist hier, dass man anfangs immer sicher sein muss, dass der Hund wirklich zu einem kommt, während man das Kommando ausspricht. Er muss immer das Kommen mit dem Kommando verbinden. Ruft man aber, obwohl der Hund nicht zu einem kommt, dann lernt er das Kommando nicht zuverlässig und eine spätere Korrektur ist eventuell mit viel Aufwand verbunden.
Mit der Zeit gilt es dann, den Hund so selten wie möglich abzurufen, damit sich der Befehl nicht abnutzt. Wird der Hund nämlich ständig gerufen und soll herkommen, dann wird es bald schon langweilig und sinnlos für ihn. Resultat: Er kommt nur noch, wenn es ihm gerade passt.

Das Auflöskommando

Das Auflöskommando ist wichtig, denn der Hund soll Befehle so lange ausführen, bis man ihn daraus entlässt. So soll er sich zum Beispiel bei dem Befehl „Sitz" nicht nur kurz hinsetzen und sofort wieder aufstehen, sondern so lange sitzen bleiben, bis man ihm etwas anderes erlaubt.
Ein typisches Kommando zum Auflösen wäre ein lockeres „Okay". Das würde dem Hund dann signalisieren, dass er sich wieder frei bewegen darf. Bei den Übungen sollten Sie also von Anfang an darauf bestehen, dass diese so lange eingehalten werden, bis das „Okay" folgt. Erst dann darf sich der Hund wieder frei bewegen.

Nein

Ein „Nein" sollte der Hund nicht ständig hören, denn schnell nutzen sich solche Befehle ab, werden nur noch widerwillig befolgt und müssen dann mit viel Geduld und Ärger durchgesetzt werden. Besser ist es also, die Momente für ein „Nein" genau auszuwählen, statt dem Welpen alles von Anfang an zu verbieten. Später hat der Hund den Befehl verinnerlicht, doch gerade am Anfang muss dieser sehr konsequent und deutlich geltend gemacht werden, damit das „Nein" auch wirklich zu einem absoluten und unmissverständlichen Abbruch der aktuellen Aktion führt. Genau dies ist letztendlich auch das Ziel. Ein Abbruch der aktuellen Situation. Egal was Ihr Hund gerade macht, sobald das „Nein" ertönt, ist dies sein Zeichen dafür, dass er von seiner aktuellen Beschäftigung ablässt. Das soll heißen: Egal ob Kadaver oder Himbeertorte, bei einem „Nein" hat der Hund diese komplett und sofort zu ignorieren.

Um das Kommando einzuführen, legen Sie etwas für Ihren Hund Spannendes, aber Unerlaubtes (zum Beispiel einen Hausschuh) auf den Fußboden neben sich. Wenn der Welpe nun daran knabbern möchte, stupsen Sie ihn mit der Hand sanft, aber bestimmt davon weg und sagen deutlich „Nein". Da er das Kommando noch nicht kennt, wird er vermutlich wiederkommen und erneut versuchen, an den spannenden Gegenstand zu gelangen. Dann wiederholen Sie das Kommando, während Sie ihn energisch (aber ohne ihm wehzutun) von dem Gegenstand wegstoßen. Das wiederholen Sie jetzt so lange, bis er nicht mehr versucht, zu dem Gegenstand hinzugelangen. Jetzt hat er verstanden, dass dieser für ihn tabu ist. Nun wird die Übung beendet, indem Sie den Gegenstand einfach kommentarlos wegräumen.

Natürlich kann man dieses Kommando auch im ganz normalen Alltag üben, denn Welpen tun viele Dinge, die sie nicht dürfen. Da man nicht immer direkt neben dem Welpen steht, wenn er Fehlverhalten (wie zum Beispiel das Sofa anknabbern) zeigt, kann man ihn nicht immer sofort wegstoßen. Also müssen Sie dem Welpen einen kleinen (!) Schreckmoment bereiten, damit er die aktuelle Handlung unterbricht.
Als unterstützendes Signal für das „Nein" wird hier gern ein lautes „Kschschsch" oder irgendein sonst vollkommen fremdes und untypisches Signal verwendet.

Hauptsache, es ist etwas, was den Hund sofort aus der Fassung bringt, zum Beispiel ein lautes In-die-Hände-Klatschen oder ein kurzes Aufstampfen mit dem Fuß. Reicht das nicht, so müssen Sie dabei zwei oder drei schnelle Schritte auf das Tier zugehen. Welpen können recht frech sein, reagieren auf ein „Kschschsch" aber meist sehr gut. Sobald der Welpe die unerwünschte Handlung unterlässt, hören Sie auf mit den Störungen und benehmen sich wieder vollkommen normal.

Sitz

Der Befehl „Sitz" wird bei kleinen Hunden meist selten benötigt, doch das ist kein Grund, ihn einfach zu übergehen. Disziplin ist schließlich wichtig, außerdem freuen Welpen sich, wenn sie neue Dinge erleben oder erlernen dürfen.

Bei großen Hunden wird Sitz oft mithilfe eines Leckerlis geübt. Die Belohnung wird dann vor die Schnauze gehalten und gleichzeitig ein Stück über den Kopf des Hundes geführt. Viele Welpen setzen sich dann nach wenigen Sekunden hin. Ist das der Fall, sagt man sofort „Sitz" und gibt ihm das Leckerli, während er sich hinsetzt oder noch sitzt.

Wichtig: Nicht belohnen, wenn er schon wieder steht, denn dann glaubt er, dass er für das Aufstehen belohnt wurde.

Die Übung wiederholt man zwei- oder dreimal und legt dann erst einmal eine Pause ein. Üben Sie dies über den Tag verteilt ruhig mehrmals, aber immer nur zwei- oder dreimal am Stück.

Wenn der Welpe nun verstanden hat, was „Sitz" bedeutet, kann man die Zeitspanne vom Hinsetzen und Sitzenbleiben bis zum Lob oder zur Leckerligabe verlängern. Dann gibt man das Auflöskommando und lässt ihn wieder aufstehen. So erreicht man langsam, dass der Hund so lange sitzen bleibt, bis man ihn daraus wieder entlässt.

Schön ist, wenn das sofort klappt, doch bei Kleinhunden ist dies oft nicht der Fall. Meine Chihuahua-Hündin wollte sich bei dieser Methode beispielsweise einfach nicht hinsetzen, sondern sie drehte sich, sprang auf die Hand und versuchte eben auf anderem Wege an die Belohnung zu kommen. Dies lässt sich bei kleinen Hunden häufig beobachten, weshalb eine Korrektur mit der anderen Hand sinnvoll ist. Mit der einen Hand halten Sie also das Leckerli vor und leicht über das Gesicht, mit der anderen Hand drücken Sie den Hinterleib des Hundes ein wenig nach unten. Sitzt das Tier, was in diesem Fall durch die Korrektur mit der Hand ganz sicher klappt, gibt es sofort das Leckerli und das Kommando „Sitz".
Diese Übung muss sehr oft wiederholt werden. Erst nach mehreren hundert Wiederholungen hat der Hund beziehungsweise Welpe den Befehl nämlich wirklich verinnerlicht. Natürlich sollte die Übung nicht an einem einzigen Tag hunderte Male wiederholt werden, doch tägliches Üben ist enorm wichtig, selbst wenn der Hund bereits auf Befehl sitzt. Denn wirklich verstanden ist die Übung erst nach einiger Zeit, auch wenn sie vorher schon fast perfekt gelingt.

Platz

Der Befehl „Platz" ist für Kleinhunde ebenfalls nicht unbedingt wichtig, zumal sie ohnehin häufig nicht sehr lange liegen bleiben wollen. Trainiert wird der Befehl natürlich trotzdem, was so ähnlich wie „Sitz" funktioniert. Das Leckerli wird hierbei vor den Kopf gehalten, dabei aber nicht in der Luft, sondern tief am Boden. Das klingt einfach, doch Kleinhunde brauchen auch hier meistens eine kleine Korrektur. So ist es nicht unüblich, dass große Rassen sich nun einfach hinlegen würden. Kleine Hunde wirbeln aber mal wieder gern umher, neigen zwar den Kopf, aber nicht den restlichen Körper. Daher ist auch hier wieder eine Korrektur mit der Hand notwendig. Halten Sie mit einer Hand also das Leckerli am Boden, mit der rechten

Hand drücken Sie den Hund, aber natürlich nur sanft, herunter. Liegt er am Boden, erfolgt sofort das Kommando „Platz" und ein lobendes „Fein" und das Leckerli gibt es dann selbstverständlich auch sofort.

Hier

Der Abruf beziehungsweise der Befehl „Komm" darf gern auch noch mit einem „Hier" verstärkt werden. Wer mit dem Befehl „Komm" nämlich nur erreichen möchte, dass der Hund folgt oder sich langsam nähert, der braucht ein weiteres Signal, um ihn exakt und nah an sich heranzubringen.
In diesem Fall kommt daher das „Hier" mit ins Spiel, das mit einer Richtungsanzeige des Zeigefingers noch verstärkt wird. „Hier" bedeutet immer, dass der Hund ganz nah an Ihr Bein herankommt, nicht nur in einem gewissen Abstand, sondern wirklich ganz nah heran. Eventuell soll er sich daraufhin sogar direkt neben einen setzen, die genaue Ausführung ist aber jedem selbst überlassen.

Fuß

Für viele Besitzer von Kleinhunden ist das Bei-Fuß-Gehen eher unwichtig. Das höre ich oft, doch verstehen kann ich solch eine Aussage nie. Egal ob großer oder kleiner Hund, manchmal ist das Bei-Fuß-Gehen durchaus angebracht, zum Beispiel wenn Jogger oder Kinder vorbeikommen oder eine Straße überquert werden muss.
Um den Befehl „Fuß" dem Hund beizubringen, ist sicherlich ein wenig mehr Geduld notwendig als bei manch einer anderen Übung. Erst einmal muss man ihm nämlich verständlich machen, was „Fuß" überhaupt bedeutet.
Das geht am besten zwischendurch an der Leine. Immer mal wieder die Leine kurz nehmen und den Hund so dazu bringen, ganz nah neben einem zu laufen. Dann den Befehl „Fuß" nennen und diese Position kurz beibehalten, anschließend mit

einem „Okay" auflösen. Klingt einfach, doch weil es das nicht immer ist, sollte das Kommando regelmäßig zwischendurch wiederholt werden.
Sobald das „Fuß" verstanden wird und dazu führt, dass der Hund neben einem läuft und sich an seinem Menschen orientiert, darf das Gleiche ohne Leine geübt werden. Irgendwann funktioniert es dann so zuverlässig, dass weitere Reize folgen sollten. Dann wird nicht mehr einfach nur so trainiert, sondern wirklich mal an Orten mit Ablenkung, beispielsweise dort, wo viele Menschen unterwegs sind oder wo Jogger oder Radfahrer vorbeikommen. Auch an Straßen sollte man das, dann aber natürlich nur an der Leine.

Aus

Zu den absoluten Standardkommandos gehört auch das „Aus". Dieses wird immer und nur in Verbindung mit Situationen genutzt, in denen der Hund etwas im Maul hat. „Aus" bedeutet also, er soll sein Gebiss lockern und ablassen, egal was er gerade im Mund hat.
Der Befehl kann am besten erlernt werden, wenn das Tier an etwas knabbert. Dann erfolgt ein strenges und bestimmtes „Aus". Löst der Hund seinen Biss nun nicht von allein, drücken Sie sofort mit den Fingern das Maul leicht auf, bis er ablässt. Dann wird schnell gelobt und weiter geht es.

Bleib

Die Übung „Bleib" darf nicht zu früh dem Hund beigebracht werden, denn Welpen können sich anfangs noch nicht genug beherrschen, das heißt, zu junge Tiere können einfach noch nicht lange ruhig bleiben oder warten, daher also einfach immer wieder mal probieren. Sobald Sie merken, dass der Hund so weit ist, kann das Training dann beginnen.

Diese Übung ist manchmal recht knifflig. Am besten locken Sie den Hund mit einem Leckerli. Dann halten Sie ihn fest und werfen das Leckerli vor den Hund auf den Boden, anfangs nicht zu weit weg, sondern nur zwanzig oder dreißig Zentimeter entfernt.

Der Hund will nun losrennen, was natürlich nicht geht, da er ja festgehalten wird. Sagen Sie jetzt ganz bestimmt „Bleib" und warten Sie, bis der Hund sich beruhigt hat und nicht mehr zieht und zerrt. Wiederholen Sie dann das „Bleib" nochmal und belohnen ihn mit einem Leckerli. Mit dem Auflöskommando „Okay" lassen Sie den Hund nun los. Jetzt darf er sich den weggeworfenen Snack holen. Viele Wiederholungen und Geduld bringen auch hier den Erfolg.

Bring

Mit dem Befehl „Bring" ist natürlich das Apportieren gemeint. Das machen manche Hunde lieber als andere. Meine Kleine konnte es schon relativ früh, was sicherlich auch am Training lag. Das Bringen wird bereits von Anfang an damit verstärkt, dass immer nur dann intensiv gespielt wird, wenn der Hund mit dem Spielzeug zu einem kommt. Werfen Sie es dann ruhig wieder weg und spielen Sie mit ihm. Aber sobald er auf Abstand geht, warten Sie, bis er mit dem Gegenstand wiederkommt. Erst dann wird gelobt und auch weitergespielt.

Das Kommando „Bring" wird dann allmählich eingeführt. Es wird immer wieder etwas weggeworfen und sobald der Hund den Gegenstand zurückbringt, erfolgt das Kommando „Bring". Wurde es gebracht, folgt selbstverständlich auch noch ein lobendes „Fein".

Das Apportieren beziehungsweise das Trainieren der Übung erfordert viel Geduld und es kann auch ziemlich lange dauern, bis Ihr Hund das beherrscht. Bringt er den Gegenstand mal nicht, zeigen Sie auf das Objekt und gehen etwas in die Richtung.

Animieren Sie Ihren Hund dazu, den Gegenstand aufzunehmen und zu bringen. Wie im Buch anfangs bereits erwähnt, halte ich weder vom Clicker noch vom Futter-Dummy etwas. Es mag zwar sein, dass der Hund das Apportieren mit einem Dummy schneller lernt, doch meiner Meinung nach ist dies dennoch vollkommen überflüssig. Wer mit Liebe und Geduld, dafür aber komplett ohne Hilfsmittel trainiert, hat am Ende den besseren Hund und das größere Verständnis für seinen Vierbeiner.

Decke

Das Kommando „Decke" heißt auch oft „Auf deinen Platz", doch wegen des Befehls „Platz" (der manchmal dagegen wieder „Leg dich" heißt), würde ich zu einem einfachen Begriff wie „Decke" raten, der nicht mit „Platz" verwechselt werden kann. Immer wenn der Hund also in sein Körbchen oder auf seine Decke geht, rufen Sie einfach kurz und knapp „Decke". Es dauert nicht lange, schon begreift er die Verbindung und versteht ziemlich schnell, was mit „Decke" gemeint ist. Extra Training ist daher nicht nötig. Mit der Zeit wird das Kommando von ganz allein und nebenbei erlernt.

Steh

Die Übung „Steh" zu trainieren, ist ziemlich einfach. Dazu genügt es nämlich, ein Leckerli über den Hund zu halten, „Steh" zu sagen und zu warten. Sobald der Kleine sich nun auf die Hinterbeine stellt, sagen Sie sofort „Steh" und loben Sie mit einem „Fein" und einem Leckerli. Meistens ist das Kommando recht schnell verstanden. Es kann dann noch erweitert werden, zum Beispiel so, dass der Hund auf zwei Hinterbeinen läuft. Das gehört dann aber schon in die Kategorie Tricks. Häufig bedeutet „Steh" auch einfach nur das korrekte Stehenbleiben auf vier Bei-

TRAINING IN DER ENDLOSSCHLEIFE

Egal welches Beispiel man aus diesem Buch auch auswählt, eines haben sie alle gemeinsam: Nur durch Wiederholungen werden sie gefestigt, nur durch ständiges Üben werden sie verstanden. Hundehalter neigen häufig dazu, am Anfang zu glauben, dass ihr Hund die Befehle bereits gut beherrscht. Dann lassen sie beim Training nach und plötzlich kann der Hund die Kommandos nicht mehr ausführen. Das beweist nur, dass Hunde die Übungen erst nach mehreren hundert Wiederholungen gefestigt und verinnerlicht, vor allem aber auch verstanden haben.
So bleiben immer die ständigen Wiederholungen, die niemals enden sollten. Gerade Kleinhunde sind oft sehr aktiv, wollen beschäftigt werden, auch geistig. Das einfache "Um-den-Block-Gehen" reicht im Regelfall keinem Hund. Er möchte wirklich gefordert werden.

nen, wenn der Hund zum Beispiel auf einer Ausstellung präsentiert wird oder bei einem Hundesport an einer bestimmten Stelle stehen bleiben muss. Dieses „Steh" ist mit dieser Übung aber nicht gemeint.

Den Folgetrieb verstärken

Ich persönlich möchte am Ende noch dazu raten, den Folgetrieb eines Welpen von Beginn an aktiv zu unterstützen. Der Hund soll einem immer wieder folgen. Man sollte ihn nie einfach allein umherirren lassen. Zwischendurch darf es dann auch mal ein Leckerli geben, aber nur, wenn der Kleine einem brav gefolgt ist.

Durch diese unterschwellige Verstärkung des natürlichen Folgetriebs lernt der Welpe schon von Klein auf, dass es etwas Positives ist, seinem Menschen zu folgen. Später kann dies wichtig sein, denn mit zunehmendem Alter lässt der natürliche Folgetrieb nach. Gutes Training zu Beginn zahlt sich in dem Fall – und ganz besonders bei sehr selbstbewussten Tieren – aus.

Kleine Hunde und Katzen

Wer einen Kleinhund besitzt, der wird sicherlich auch die Angst vor Katzen kennen. Katzen sind am Anfang immer ein größeres Problem, denn egal ob Freigänger oder Hauskatzen, sie sind Hunde meistens nicht gewöhnt, erst recht nicht, wenn diese auch noch kleiner als sie selbst sind. Da Katzen sich außerdem nichts gefallen lassen, besteht immer die Gefahr, dass sie plötzlich angreifen. Es ist also ein heikles Thema, den kleinen Hund mit der eigenen Katze zusammenzuführen. Letztendlich ist es zwar am Ende kein wirkliches Problem, doch wer garantiert das am Anfang? So bleibt die Angst vor einem möglichen Angriff.
Ich selbst habe auch zwei Katzen, ausgewachsene Freigänger, die Hunde noch nie so richtig leiden konnten. Gerade deshalb war ich auch extrem nervös, als der Zeitpunkt kam, den Welpen an die Katzen heranzuführen. Doch es half damals nichts, denn irgendwann musste dies schließlich geschehen. Frei nach dem Motto: Lieber jetzt als nie.

Vorsichtige Annährung

Alles beginnt mit der vorsichtigen Annährung. Gemeint ist damit ganz einfach, dass der Hund festgehalten oder kontrolliert wird, während die Katze sich im gleichen

Raum befindet. Bei mir war es damals so, dass die Katze noch auf dem Sofa lag, wo der Welpe sowieso noch nicht hochspringen konnte, demnach also erst einmal keine größere Gefahr bestand. Trotzdem hielt ich meine Kleine zunächst fest, denn mein Kater bemerkte den Zuwachs natürlich sofort und fixierte den Welpen mit festem Blick. Was folgte, war Anstarren und Stille, einige Minuten lang. Genau das ist auch der entscheidende Punkt. Meiner Meinung nach sollte keiner der beiden anfangs überfordert werden.

Dieses Kennenlernen wiederholt man einfach mehrmals täglich, ohne dass beide sich zu nahe kommen dürfen. Auch sollte immer nur eine Katze gleichzeitig mit dem Hund im Raum sein. In meinem Fall waren es ja zwei Katzen im Haushalt, doch dieses Training fand immer unabhängig voneinander statt, sodass ausschließlich Kontakt zu einer einzigen Katze möglich war.

Das Ergebnis dieser Übung ist meist, dass der Hund extrem interessiert ist, die Katze aber eher misstrauisch, ängstlich, eventuell auch aggressiv oder feindselig reagiert. Hier gilt es einfach, die Übung immer wieder durchzuführen, immer wieder auf Abstand den Sichtkontakt zu ermöglichen. Wird einer der beiden frech, sollte er sofort in seine Schranken gewiesen werden. Beide Tiere müssen sich nun einfach daran gewöhnen, dass ab jetzt ein weiteres Familienmitglied im Haushalt lebt. Sobald beide beim bloßen Sichtkontakt ein wenig entspannen (den Hund dabei immer festhalten oder in kontrollierbarer Nähe belassen), darf der nächste Schritt erfolgen. Nicht zu früh, nicht zu spät, denn beide sollten sich bereits ein wenig kennengelernt und akzeptiert haben.

Einfach Loslassen

Der nächste Schritt ist nun der direkte Kontakt, aber eben mit viel Vorsicht und der Möglichkeit einzugreifen. Meistens ist es der Hund, der sich nun kaum noch bremsen lässt und auf die Katze zugeht. Manchmal ist es aber auch andersherum, schließlich gibt es auch einige eher ängstliche Hunde.

Um beide Tiere jetzt aneinander zu gewöhnen, helfen nur kontrolliertes Miteinander, viel Ruhe und die volle Kontrolle über die aktuelle Situation. Setzen Sie sich auf den Boden und streicheln Sie mal den Hund und mal die Katze. All das sollte langsam und ruhig geschehen. Wird einer der beiden wild oder angriffslustig, sollte das Verhalten sofort reguliert werden. Hund und Katze können zwar im besten Fall gemeinsam miteinander spielen, doch hier geht es erst mal vor allem darum, dass der andere einfach akzeptiert wird, ohne ihn besonders zu beachten, anzuspringen oder gar zu kratzen.

Nach dem ersten echten Berühren beziehungsweise frei aufeinander Zugehen sind sowohl Katze als auch Hund meist überfordert und erschöpft. Nun ist es Zeit, das Ganze zu verarbeiten. Wie wäre es also mit einem Schläfchen? Beide sollten nun das Recht haben sich zurückziehen.

Aneinander gewöhnen

Die Besserung kommt dann meist von ganz allein. Irgendwann akzeptieren sich die beiden, irgendwann berühren sie sich sogar. Meistens wehren sich die Katzen erst einmal zaghaft, eventuell mit ausgefahrener Kralle, sodass der Hund einmal eine gewischt kriegt und anschließend weiß, dass er vorsichtig sein muss oder den Mitbewohner eben komplett meiden sollte. So wird mit der Zeit alles gut, denn auch wenn Katzen zunächst fliehen oder frech werden, lässt nach einiger Zeit das besondere Interesse nach. Egal was am Anfang also mal war, irgendwann tolerieren sich beide, schließen vielleicht sogar Freundschaft oder gehen sich einfach aus dem Weg.

Im Idealfall dauert diese Annährung beider Tiere nur wenige Tage. Wenn es nicht so positiv verläuft, kann es aber auch schon mal mehrere Wochen dauern. Dem Hund sollte dabei weiterhin das Nachjagen oder der stürmische Kontakt zu den Katzen verboten werden. Die Begegnungen sollten immer nur kontrolliert erfolgen. Wird es zu wild, sollte dies sofort unterbunden werden, indem man zum Beispiel laut klatscht oder eingreift, um die beiden voneinander zu trennen beziehungsweise abzulenken.

In meinem persönlichen Fall ist es so gekommen, dass meine Kleine von dem Kater nach wie vor gemieden wird. Er möchte den Kontakt nicht, faucht auch mal oder haut ihr mit der Pfote eine runter, was sie mittlerweile auch versteht und sofort auf Abstand geht. Die andere Katze lässt das meiste aber geduldig über sich ergehen. So freut sich meine Kleine immer regelrecht, springt sie mal an, spielt sogar mit ihr, leckt sie von oben bis unten ab und wedelt dabei wie verrückt mit der Rute. Wird das Spiel zu wild, zeigt zwar auch diese Katze ein Fauchen, das wird dann aber meist auch sofort verstanden. Falls nicht, gibt es eben auch hier einen mit der Pfote. So regeln die drei das Ganze inzwischen unter sich – friedlich, aber doch bestimmt.

Ruhe und Zeit

Das Geheimnis beim Zusammenführen von Hund und Katze ist, dass es eigentlich gar keins gibt. Viel Geduld ist nötig, dann regelt sich die Sache meistens von selbst oder eben mit relativ wenigen Eingriffen. Natürlich ist die Kontrolle wichtig, denn einen Kampf möchte niemand sehen, doch fast immer regelt es sich eben wirklich von ganz allein. Es benötigt nur ein wenig Zeit, manchmal einige Wochen, manchmal noch mehr, manchmal aber auch viel weniger.

Der einzig heikle Punkt ist dabei die eigene Angst. Die lähmt schnell, treibt einen dazu, übervorsichtig zu sein, und verzögert die Lernerfahrung. Das ist zwar verständlich, doch eigene Angst sollte in der Erziehung des Hundes ohnehin komplett abgeschaltet werden. Schließlich müssen Sie ein starkes Alphatier sein, damit der Hund sich sicher fühlt, Ihre Entscheidungen nachvollziehen kann und Ihnen vertraut. Angst ist jedenfalls das Letzte, was beim Zusammenführen von Hund und Katze helfen könnte. Ist alles überstanden, war das Problem meist viel kleiner als vorher gedacht. Erleichterung stellt sich ein.

DER SPAZIERGANG

Das Spazierengehen mit dem Hund ist für viele Hundehalter leider nur eine Pflicht. Klar, am Anfang ist die Freude noch groß, doch mit der Zeit wird es dann langweilig und warum braucht ein kleiner Hund überhaupt große Spaziergänge? Fragen, die Sie sofort wieder vergessen sollten, denn ein Spaziergang kann unglaublich viel Spaß machen, wenn die Bindung zwischen Mensch und Hund stimmt. So weit die Theorie, denn in den Parks und Wäldern sieht die Sache oft anders aus.
Es gibt tatsächlich gelangweilte Menschen, die einfach ihr Tier hinter sich herschleifen und nur einmal um den Block gehen. Es ist ja schließlich ein Kleinhund, der braucht doch nicht so viel Auslauf!
Abgesehen davon, dass diese Aussage totaler Quatsch ist, bringt dem Tier das langweilige und langsame Laufen an der Leine eher wenig. Die erste Regel ist also, den Spaziergang ernst zu nehmen. Die Zeit beim Spazierengehen gehört dem Hund. Auch wenn er zu Hause nur die zweite Geige spielt, wird sich jetzt voll und ganz um ihn gekümmert.

Halsband oder Geschirr?

Das Thema Halsband oder Geschirr ist eine ständige Diskussion ohne Ergebnisse. Das Geschirr sei das einzig Wahre, heißt es da oft, am Halsband gibt es dagegen die schlimmsten Verrenkungen. Angeblich.
Aber auch ein Geschirr kann negative Folgen nach sich ziehen, wenn dieses nicht richtig sitzt, eine Fehlstellung der Beine hervorruft oder der Hund schlichtweg zieht.

Weder Halsband noch Geschirr sind hier das Thema oder Problem, sondern Gehorsam und Erziehung. Das A und O ist eine richtige Leinenführigkeit, sodass der Hund nicht zieht, sich nicht verrenkt und natürlich auch nicht plötzliche Sprünge macht. Hier ist das Geschirr natürlich sehr beliebt, denn das umgeht die Erziehung einfach und stoppt den Hund, ganz egal, wie stark er zieht.

Halter kleiner Hunde neigen also dazu, zum Geschirr zu greifen, lassen den Hund dann aber meist auch ziehen. Richtig wäre allerdings, von Anfang das richtige Gehen an der Leine zu erlernen, bei dem die Leine immer leicht locker sitzt. Auch über das Geschirr lässt sich streiten, denn dies übt immer wieder viel Druck auf den Brustkorb aus. Speziell für Kleinhunde ist das dann wieder ein ganz besonderes Thema, weil es an dem kleinen Körper doch recht fragwürdig sitzt und allgemein wohl eher dem Halter das Leben erleichtert als dem Tier selbst. Mit guter Erziehung ist die Wahl letztendlich Geschmackssache, doch gezogen werden sollte weder am Halsband noch am Geschirr.

Spielchen für den Spaziergang

Am wichtigsten auf einem Spaziergang sind kleine Spielchen. Nur wenn der Mensch das Interessanteste ist, wird der Hund auch perfekt gehorchen und fast automatisch folgen. Dann wird er sich immer an einem orientieren, denn schließlich könnte er etwas Tolles verpassen.
Wer jetzt denkt, er müsste ein Sportprogramm absolvieren oder Unmengen an Spielzeug mitschleppen, der irrt, denn sich als Halter interessant zu machen, ist eigentlich ganz einfach. So reicht oft schon ein kleiner Sprint, das Überklettern

HÄNDE WEG VON ROLL-LEINEN

Bevor es richtig losgeht, noch ein Hinweis. Immer wieder fallen mir beim Spaziergang Roll-Leinen auf – Leinen die es eigentlich gar nicht geben sollte. Das Problem fängt schon damit an, dass Roll-Leinen für den Hund einen permanenten Zug darstellen. So bringt man ihm quasi von Anfang an das Ziehen bei, ein Verhalten, welches an der Leine ja eigentlich gerade nicht erwünscht ist.
Doch das ist noch nicht alles, denn Roll-Leinen sind auch äußerst gemein für das Tier. Der plötzliche und ruckartige Stopp, der den Hund immer wieder ohne Vorwarnung überrascht und ausbremst, wäre hier ein gutes Beispiel. Ebenso ist die Freiheit der Roll-Leinen viel zu groß, weshalb die Hunde nicht schnell genug abrufbar sind, an so einer Leine tun und lassen können, was sie wollen, anstatt neben einem herzulaufen und auf den Menschen zu achten, wie es eigentlich sein sollte. Wer seinem Kleinen also einen Gefallen tun möchte, der verzichtet von Anfang an auf eine Roll-Leine. Verwenden Sie einfach eine ganz normale Leine, die in Größe und Gewicht an die Größe des Hundes angepasst ist.

oder Umgehen von kleinen Hindernissen oder das gelegentliche Verstecken von Leckerlis. Oder man versteckt sich selbst mal schnell hinter einem Baum, ruft dann den Hund und lässt ihn suchen.
Solche kleinen Spielchen und Beschäftigungen machen dem Hund viel Spaß und dem Halter normalerweise auch. Außerdem bleibt der Mensch so immer interessant. Es ist also ganz einfach und ein Spaziergang kann wirklich viel Spaß machen.

Das erste Mal ohne Leine

Erst wenn der Welpe im Garten wirklich gehorcht und auf Kommandos reagiert, vor allem aber zuverlässig abrufbar ist und seinen Namen kennt, sollte ein Versuch ohne Leine gestartet werden. Viele Halter sind hier zwar nicht ganz so streng, doch genau dies fällt mir auch immer wieder negativ auf: große, teilweise sogar gefährliche, vor allem aber unglaublich unerzogene Hunde, die frei ohne Leine laufen, im Notfall dann aber nicht abrufbar sind. So etwas nervt vor allem den Kleinhundehalter, denn er muss seinen Hund anschließend schützen, wenn der große, eventuell sogar angriffslustig, wie wild angerannt kommt.

Aber auch andersherum kann es zu gefährlichen Situationen kommen, wenn der frei laufende Kleinhund nicht gehorcht und unkontrolliert auf große Hunde zurennt, die sich dann vielleicht provoziert fühlen. Doch egal ob Kleinhund oder große Rasse, ein Hund sollte erst ohne Leine laufen dürfen, wenn der Abruf im Garten oder im umzäunten Gelände wirklich zuverlässig klappt.

Ist dies der Fall, sollte dennoch erst einmal eine ruhige Umgebung gewählt werden. Begegnet man zu einer bestimmten Zeit beispielsweise keinen anderen Hunden, würde sich diese Zeitspanne doch perfekt für die ersten Versuche ohne Leine eignen. Also den Welpen einfach mal ableinen und schauen, was passiert.

Zwei Möglichkeiten gibt es nun. Entweder der Welpe ist ängstlich und bleibt immer nah bei einem oder er ist selbstbewusst und mutig und marschiert einfach so drauflos. Letzteres wäre erfreulich, denn auch wenn man bei selbstbewussten Hunden mehr Arbeit in die Erziehung stecken muss, so ist mit ihnen später dennoch weit mehr möglich als mit ängstlichen Tieren.

Reagiert der Hund ängstlich, gibt es meistens aber gar keinen bestimmten Grund dafür. Gehen Sie einfach weiter und schauen Sie sich vor allem nicht allzu oft zu dem Hund um, denn wie oben bei der Rangordnung bereits erwähnt, gibt der Rudelführer stets die Richtung an, Blickkontakt oder Stillstand sind dagegen eher kontraproduktiv. Ein ängstlicher Welpe wird einem vermutlich sowieso folgen, da die Eindrücke viel zu groß sind und ihn überfordern.

Reagiert der Kleine nun aber mutig und weicht bereits vom Weg ab, dann ist schon mal Vorsicht geboten. Wenn Ihnen der Hund nicht mehr hinterherläuft, rufen Sie ihn zu sich und belohnen ihn mit einem Leckerli. In der Regel sollten selbstbewusste Hunde immer gelobt werden, wenn sie folgen oder hinter einem herlaufen, nicht aber, wenn sie ihren eigenen Dingen nachgehen und vom Weg abweichen. Selbstbewusste Hunde sollten also immer im Augenwinkel beobachtet werden. Dennoch muss man die eigentliche Richtung selbst vorgeben und dafür sorgen, dass der Hund einem folgt und vor allem aber auch folgen will.
So einfach kann man das Laufen ohne Leine üben, wobei man gleichzeitig auch immer wieder das Abrufen trainiert. Wichtig ist hier zumindest am Anfang, den Hund nie zu rufen, während er gerade schnüffelt oder beschäftigt ist. Rufen Sie ihn zunächst ausschließlich dann, wenn er sowieso gerade kommt oder nur herumsteht, aber nie, wenn er beschäftigt oder abgelenkt ist.
Das hat den tieferen Grund, dass der Welpe beim Abruf immer – wirklich immer – zu einem kommen soll. Damit sich das sofortige „Kommen" aber richtig einprägt und festigt, ist es wichtig, dass dies am Anfang auch immer gelingt. Sind Welpen jedoch abgelenkt, werden sie nicht kommen. Dementsprechend prägt sich das Tier unter Umständen ein, dass der Zeitpunkt nicht wichtig wäre, frei nach dem Motto „Herrchen (oder Frauchen) kann warten". Den Abruf am Anfang also nur dann nutzen, wenn er zu 99 Prozent auch gelingt oder der Hund ohnehin schon auf dem Weg zu einem ist.

Große Hunde sind nicht gefährlich

Als Kleinhundebesitzer gibt es eine Sache, die während den täglichen Spaziergängen eigentlich immer präsent ist. Gemeint ist die Angst vor großen Hunden. Ein Chihuahua beispielsweise ist nicht einmal so groß wie eine Katze. Alles, was also größer ist, kann theoretisch auch gefährlich werden. Dabei ist nicht einmal gemeint, dass große Hunde unbedingt böse oder aggressiv sind, sondern vielmehr das eigentliche Körpergewicht. Die Pfote eines Dobermanns ist so groß wie der Kopf eines Chihuahuas, dementsprechend kann es für den Kleinen durchaus böse enden, wenn er tatsächlich mal darunter gerät. Beim Spielen kann das aber eben schnell passieren, weshalb das Spiel mit größeren Hunden gelernt sein will. Sowohl Kleinhund als auch großer Hund müssen es gewohnt sein. Der Kleine muss wissen, dass er ausweichen sollte. Der große Artgenosse dagegen muss verstehen, dass das Spiel stets ruhig bleiben sollte.

In der Praxis lässt sich dies nur selten umsetzen, deshalb ist es ratsam, das Tier bei Kontakt mit größeren Hunden entsprechend zu schützen. Einmal kurz schnuppern lassen, dann weitergehen, mehr ist gar nicht nötig.

Ängstliche Hunde wollen bei der Begegnung mit größeren Hunden oft auf den Arm genommen werden, was aber nicht wirklich zu empfehlen ist. Überwindet das Tier bei dem Kontakt mit seinem Artgenossen nämlich seine eigene Angst, wird es mutiger und hat später weniger Probleme. Mit dem Hochnehmen wird die Angst dagegen nur weiter unterstützt, was unsicheres Verhalten fördert und keinerlei Probleme beseitigt. Ein gut erzogener Hund kennt seine Grenzen, hat aber keinerlei beziehungsweise wenig Angst und verhält sich wie ein normaler Hund. Schoßhunde gibt es in der Form nicht, nur welche, die ständig auf den Arm genommen werden und so verlernt haben, was es heißt, ein Hund zu sein.

Es kann also funktionieren, dass kleine und große Hunde miteinander spielen. Ratsam ist es aber trotzdem nur bedingt, da immer eine Grundgefahr durch Größe und Gewicht bestehen bleibt. Meine persönliche Erfahrung hat gezeigt, dass es positiv ist, Kontakt zu älteren und damit auch langsameren, ruhigeren und erfahreneren Hunden zuzulassen. Diese sollten dann aber wirklich etwas träge sein, sodass ein Spiel nur kurz und verlangsamt abläuft und kein wildes Gerenne entsteht. Denn kommt es erst zu einer wilden Jagd, bekommen Kleinhunde meist Angst. Wenn so ein großer Hund sie in vollem Tempo verfolgt und spielen will, bekommen kleine Hunde oft Panik und fangen laut an zu fiepen.

SPIELEN MIT GROSSEN HUNDEN

Zusammengefasst lässt sich also sagen, dass Spielen mit großen Hunden kein Problem sein muss, aber durchaus gefährlich werden kann. Alte und etwas träge gewordene Hunde sind dagegen meist kein Problem, aber auch hier ist jedes Tier anders. Kontakt zu anderen Hunden ist jedoch wichtig und Angst sollte auf gar keinen Fall gefördert werden. Also ruhig und kontrolliert schnuppern lassen, denn nur so kann dem Welpen die Angst vor großen Hunden auch genommen werden, nur so können beide auch lernen, miteinander umzugehen.

Macht eine Welpenspielgruppe Sinn?

Immer wieder ist die Rede von Erziehungskursen und Welpenspielgruppen, immer wieder wird erwähnt, wie wichtig diese doch für die Entwicklung des Tieres sind.

Ganz so drastisch würde ich es allerdings nicht sagen, denn sie sind als unterstützende Maßnahme zu sehen und helfen vor allem den Besitzern. Doch natürlich gibt es auch hier einige Dinge zu beachten, denn nicht jede Welpenspielgruppe bringt gleich einen Mehrwert mit.

So sollte zunächst darauf geachtet werden, dass die Hunde in solchen Gruppen und Kursen nicht einfach wild herumlaufen. Es sollte immer ein erfahrener Trainer mit dabei sein, der in bestimmten Situationen sofort eingreift, zum Beispiel wenn ein kleiner Hund gejagt wird und dies in wilder Panik statt in einem schönen Spiel endet. Ebenso sollte der Verantwortliche auch speziell auf Kleinhunde eingehen, denn oft werden diese in solchen Gruppen einfach vernachlässigt oder ignoriert. Manchmal werden sogar Welpengruppen oder Erziehungskurse nur für kleine Hunde angeboten. Überfordert werden sollte das Tier während der Kurse selbstverständlich auch nicht, achten Sie also immer auf einen korrekten Umgang, der von einem erfahrenen Verantwortlichen umgesetzt wird.

Über Sinn und Unsinn einer Welpenspielgruppe beziehungsweise eines Welpenkurses darf gestritten werden. Mit einem erfahrenen Trainer macht es durchaus Sinn, weil so die Hundehalter etwas über den korrekten Umgang mit ihrem Tier lernen und Hunde ein wenig sozialisiert werden und im Idealfall auch bereits auf die richtige Weise und kontrolliert an etwas größere Artgenossen herangeführt werden. Das A und O ist aber ein verantwortungsvoller Gruppenleiter, der weiß, was er tut und auch von Kleinhunden eine Ahnung hat. Eventuell also einen Kurs nur für Kleinhunde besuchen, dort dann aber wieder darauf achten, dass dieser nicht von einer unerfahrenen Privatperson geleitet wird, um auszuschließen, dass Ihr Hund ein falsches Verhalten erlernt beziehungsweise verinnerlicht. Schauen Sie einfach mal vorab bei so einer Welpen- oder Erziehungsgruppe ohne Hund zu, dann können Sie sich ein eigenes Bild machen.

Wie lange darf ein Welpe bewegt werden?

Irgendwann taucht immer die Frage auf, wie lange ein Welpe überhaupt bewegt werden darf. Meistens ergibt sich dies aus der Tatsache, dass kleine Hunde oft kleine Energiebündel sind, die, wie andere Welpen auch, einfach ihre Grenzen nicht kennen und trotz Erschöpfung am liebsten noch weiterspielen würden. Genau das ist aber nicht gut, da es die noch nicht gefestigten Knochen und Gelenke überlastet und im schlimmsten Fall sogar schädigen kann. Deshalb sollten Halter ihre Hunde von Beginn an drosseln und bremsen – auch auf dem Spaziergang. Nach intensiven Spielphasen muss immer eine Ruhepause folgen, damit der Welpe das Erlebte erst einmal verarbeiten kann. Die Verarbeitung von erlebten Reizen und Erfahrungen geschieht im Schlaf, deshalb ist viel Ruhe ebenso wichtig wie Spiel und Bewegung.
Lange Spaziergänge sind – ist der Hund erst mal ausgewachsen – auch bei Kleinhunden überhaupt kein Problem. Im Gegenteil: Erlebnisreiche Wanderungen durch den Wald finden meist mehr Begeisterung als die einhundertste Runde durch den kleinen und bekannten Park. Dennoch darf es anfangs nicht zu viel sein.
Die Regel, fünf Minuten am Stück pro Lebensmonat zu laufen, halte ich allerdings für falsch. Es ist zwar korrekt, dass die Gelenke noch geschont werden müssen, daher auch Treppenlaufen nach Möglichkeit vermieden werden sollte, doch genaue Zeiten vorzugeben und einzuhalten ist nicht sehr sinnvoll. Das sollte jeder selbst für seinen Kleinen entscheiden.

Zu empfehlen ist zu Beginn ein gutes Training im eigenen Garten oder auf der Wiese vor dem Haus. Sobald der Hund grundlegende Kommandos kennt, darf dann ein erster Spaziergang folgen. Wann es so weit ist, zeigen die Welpen meistens

130/80-17
DUNLOP

schon von selbst an. Wenn sie im Garten nämlich anfangen, nach Lücken oder dem Ausgang zu suchen, dann ist es meistens auch an der Zeit für neue Erlebnisse und Reize.
Als Halter sollte man seinen Hund dabei gut beobachten. Die meisten Kleinhunde (vor allem Chihuahuas) bekommen sehr tränende Augen bei Erschöpfung. Sie können Befehle nicht mehr genau ausführen, weil einfach die Konzentration fehlt. Fällt Ihnen dies bei Ihrem Hund auf, ist es schon zu viel gewesen, also unbedingt das nächste Mal ein wenig abkürzen. Durch genaue Beobachtung erfährt man immer noch am besten, wie weit man anfangs gehen kann, denn jeder Hund ist individuell. Eine pauschale Regel gibt es nicht und diese wäre hier auch einfach nicht richtig.

Hundesport mit Kleinhunden – was ist erlaubt?

Joggen und Rennen mit kleinen Hunden, geht das überhaupt? Natürlich geht das, denn auch Kleinhunde sind ganz normale Hunde. Leider neigen viele Besitzer von Kleinhunden aber dazu, ihre Hunde systematisch zu einem Schoßhund zu erziehen, was entsprechende Konsequenzen nach sich zieht. Im Allgemeinen sind Hunde aber eben Hunde und auch meine Chihuahua-Hündin liebt stundenlange Spaziergänge. Doch auch Hundesport darf durchaus getätigt werden, wobei hier natürlich alles ein wenig an die Kleinhunde angepasst werden muss.

Agility

Zum Hundesport gehört natürlich ganz klassisch das Agility. Das bedeutet mehr oder weniger, einen Parcours aufzubauen, um diesen anschließend mit dem Hund zu meistern. Brücken, Tunnel, unter einem Stuhl durchrennen, über Hindernisse springen – all das geht auch mit Kleinhunden, wobei die Hindernisse natürlich die entsprechende Größe haben sollten. Offiziell werden Hunde beim Agility in drei Größenklassen eingeteilt und daher gibt es auch die Mini-Klasse, in der man mit Kleinhunden starten kann. Die Höhe der Hindernisse wird dann jeweils an die Größenklasse der Hunde angepasst. Ein Problem gibt es nicht, im Gegenteil, kleine Hunde werden genauso gern beschäftigt wie ihre großen Artgenossen.

Dogdancing

Dogdancing ist gar nicht so kitschig wie es klingt, denn das Tanzen mit dem Hund erfordert viel Aufmerksamkeit und Konzentration, sowohl beim Tier als auch beim Menschen. Gemeint ist mit Dogdancing das rhythmische Bewegen zu Musik, also eine Art Tanz. Dieser darf frei ausgedacht werden. Hierzu gehören zum Beispiel zwischen den Beinen hindurchlaufen, Kreise laufen, auf zwei Beinen tanzen und vieles mehr. Um das Ganze einzuüben, bedarf es viel Zeit und Geduld, macht dann aber durchaus viel Spaß.

HUNDESPORT

Es gibt noch viele andere Arten des Hundesports und sie alle sind vom Grundsatz her auch für Kleinhunde geeignet. Natürlich müssen viele etwas abgewandelt oder modifiziert werden, Hindernisse müssen entsprechend verkleinert werden, doch der Spaß ist am Ende derselbe. Der Hund wird aktiv beschäftigt, der Halter verbringt viel Zeit mit dem Tier, die Bindung wird ebenfalls gestärkt. Hundesport macht also eine Menge Spaß, egal ob mit Kleinhunden oder größeren Rassen. Nur gemeinsam mit großen Hunden sollte der Sport nicht unbedingt ausgeübt werden, da diese im Spiel gern mal die kleineren Artgenossen übersehen und umrennen.

Fährtenarbeit

Sehr viel Spaß macht auch die Fährtenarbeit. Selbstverständlich ist auch dieser Hundesport mit Kleinhunden möglich, bedarf aber eben Erziehung und Training. Im Kern geht es bei der Fährtenarbeit darum, dass Gegenstände in gewissen Abständen abgelegt werden, die der Hund dann entsprechend finden muss. Er muss eine Fährte aufspüren, weiterverfolgen und das Ziel erreichen. Der Halter bleibt dabei im Hintergrund und führt den Hund mit einem Geschirr und einer langen Leine. Der Hund soll selbstständig suchen und der Fährte bis zum Ziel folgen.

Dummytraining

Das Dummytraining ist im Grunde das Apportieren, allerdings mit verschärften Bedingungen. Dabei geht es zunächst einmal darum, dass der Hund den Gegenstand genauestens beobachtet, also schon während des Fluges, um genau zu wissen, wo dieser landet. Das Ganze wird im Gelände geübt und das Dummy wird oft noch zusätzlich versteckt oder hinter Hindernissen platziert. Kleinhunde haben hier natürlich ebenfalls viel Spaß, brauchen aber selbstverständlich auch kleinere Dummys und auch die Hindernisse sollten stets fair bleiben. Beim Dummytraining sollte man also alles einfach etwas kleiner angehen.

Mit dem Hund unterwegs

Welpen sollten von Beginn an daran gewöhnt werden, immer wieder mal im Auto mitzufahren. Das darf dann ruhig beibehalten werden, auch zum Einkauf in den Tiermarkt sollten Sie den Kleinen also unbedingt mitnehmen, was allerdings auch für ältere beziehungsweise allgemein für alle Hunde gilt. Abwechslung und Eindrücke

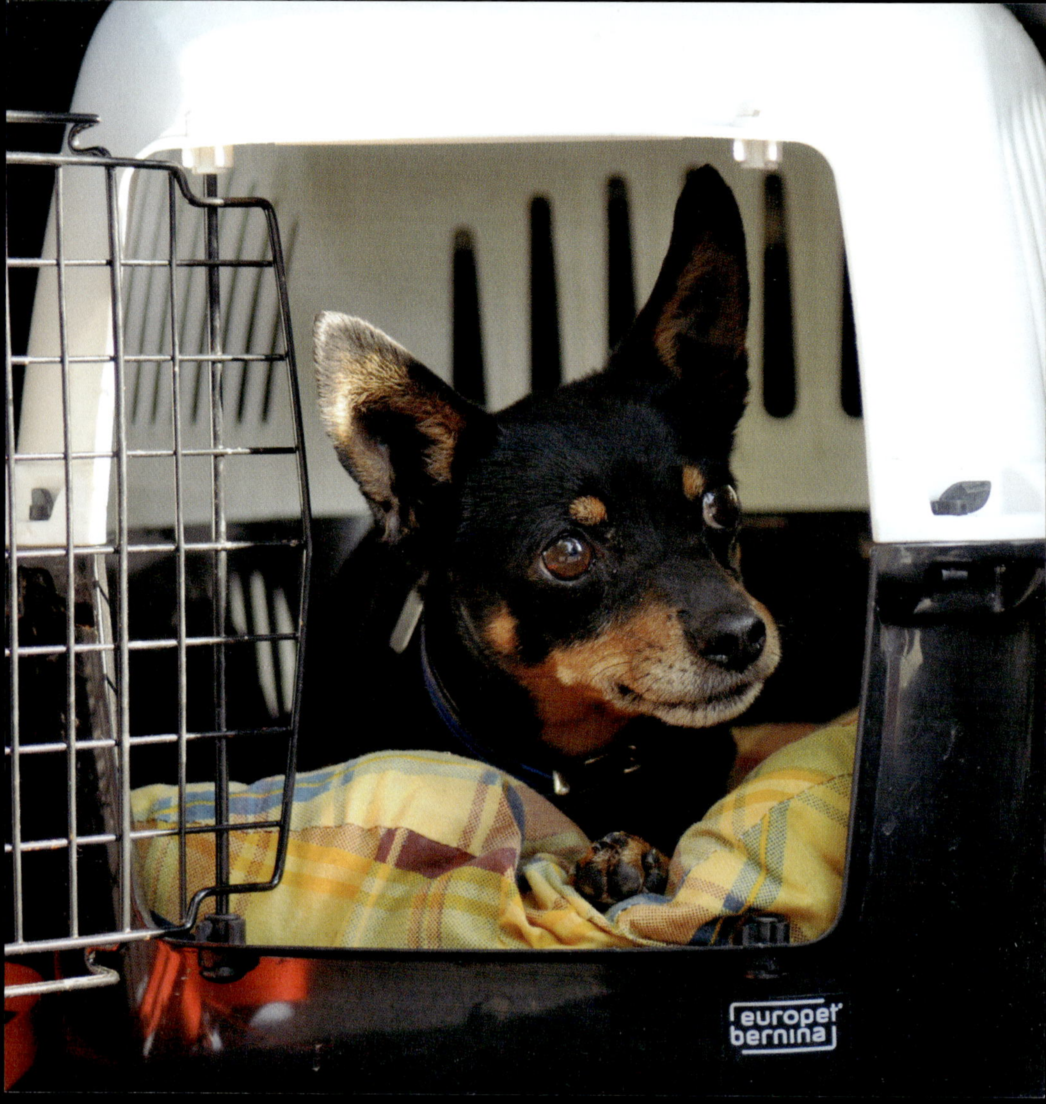
europet
bernina

sind immer positiv zu sehen und desto mehr der junge Hund kennenlernt, desto mehr wird er später auch vertragen. Wer seinen Hund dagegen schont, der hat später schnell ein Sensibelchen, was nicht einmal in die Nähe des Autos möchte.

Um Transporte allgemein einfacher zu gestalten, sollte im Auto eine vertraute Decke oder ein Kissen bereitliegen. Aus Sicherheits- und Versicherungsgründen müssen Hunde im Auto gesichert werden, damit sie bei einer Vollbremsung oder einem Unfall nicht wie ein Geschoss durch das Auto fliegen. Das geht entweder mit einer Art Sicherheitsgurt speziell für Hunde. Noch besser ist es aber, den Hund in einer Transportbox, die auf dem Sitz oder hinten in der Ladefläche eines Kombis befestigt wird, zu transportieren.

Bei vielen Hunden ist die Transportbox richtig beliebt, weil diese schnell vertraut wird und für sie etwas Bekanntes und Sicheres darstellt. Sie ist ein Rückzugspunkt sowohl im Auto als auch in unbekannter Umgebung.

In solch einer Transportbox sollte der Hund aber erst platznehmen, sobald es auch wirklich losgeht. Die Wege ins Auto sollten also immer normal an der Leine erfolgen, sonst hat man schnell einen Quengler, der sich nur von A nach B tragen lässt und von selbst keinen Fuß in das Auto setzt. Das Thema Schoßhund ist hier wieder ganz aktuell, denn so klein das Tier auch ist, den Weg zum Auto schafft es durchaus auch allein.

Pubertät

Der Welpe lernt schnell, beherrscht bereits eine Menge Befehle, hört auf den Abruf, ist eigentlich schon ein echter Glücksfall. Denkt man zumindest, denn gerade, wenn es am schönsten scheint und der Stress sich langsam wieder herunterfährt – meistens zwischen dem 6. und 10. Lebensmonat – beginnt die Pubertät. Willkommen im Irrenhaus.

Die Pubertät kann schon einmal von heute auf morgen Einzug halten. Plötzlich, ohne Vorwarnung, ist alles wieder durcheinander. Die einfachsten Befehle klappen nicht mehr, der Abruf funktioniert nicht, all das gute Benehmen scheint verlernt. Okay, ich schildere hier den wirklich schlimmsten Fall, aber genau so könnte es auch bei Ihnen aussehen. Mit etwas Glück ist es nicht so, doch oft ist die Pubertät leider ziemlich anstrengend.

Das Grundproblem dabei ist, dass der Hund nun seine Grenzen testet und alle bisher gelernten Regeln infrage stellt. Er wird zum rebellischen Teenager. Das bedeutet für Sie, dass Sie zu 100 Prozent konsequent sein müssen, jede Regel durchsetzen und jedes „Nein" auch wirklich bis zum Ende bringen. Das ist stressig, vor allem wenn der Hund einfach nicht hören will. Trotzdem gilt, dass gerade jetzt alle Befehle perfekt ausgeführt werden müssen, damit auch nach der Pubertät keine neuen Probleme auftauchen. So anstrengend es also ist, Sie werden des Öfteren hinter Ihrem Hund herlaufen, um Dinge durchzusetzen, an die er sich anscheinend einfach nicht mehr erinnern möchte.

Läufigkeit

Mit der Pubertät tritt bei einer Hündin auch die erste Läufigkeit auf und damit die erste Blutung. Die Läufigkeit beginnt mit einem Anschwellen der Scham, die Hündin setzt nun häufiger als sonst kleine Mengen Urin ab, schnüffelt besonders viel und intensiv an den Urinstellen anderer Hunde, leckt sich oft den Genitalbereich und bekommt dort bald auch schleimig-wässrigen, dann blutigen Ausfluss. Häufig bemerkt der Besitzer aber erst, dass seine Hündin läufig ist, wenn er Blutstropfen auf dem Boden entdeckt. Manche Hündinnen sind sogar so sauber, dass von Anfang an kaum Blut sichtbar ist, weshalb Sie Ihre Hündin kennen und gut beobachten sollten. Die erste Blutung kann die Kleine nun ein wenig verrückt und nervös machen, ständiges Lecken und Säubern wird daher nun verstärkt auffallen.

Die Spaziergänge sollten, sobald etwas bemerkt wird, übrigens nur noch angeleint absolviert werden, denn in der Läufigkeit hören Hündinnen oft schlecht oder neigen gar dazu wegzulaufen, ganz zu schweigen von der Gefahr durch Rüden. Manche Hündinnen sind aber eben auch sehr nervös oder besonders empfindlich beziehungsweise sensibel.
In der Läufigkeit kann eine Hündin also ziemlich durch den Wind sein, benimmt sich hier und da ein wenig merkwürdig, kann auch mal zickig gegenüber anderen Hunden reagieren und geht gern einmal ihre eigenen Wege. Kein Grund zu Sorge, nur eben zur Vorsicht!
Erwähnt werden sollte hier noch, dass nicht alle Hündinnen während der Läufigkeit automatisch ein auffälliges oder verändertes Verhalten zeigen. Manchen erkennt man die Läufigkeit ausschließlich am blutigen Scheidenausfluss an, ohne dass sie ihr Verhalten stark verändern.

Die Läufigkeit dauert nun so ungefähr drei Wochen. In der ersten Woche blutet die Hündin stark, in der zweiten Woche lässt das Bluten nach und der Ausfluss wird heller und klar, eventuell schleimig. In dieser Zeit, etwa zehn bis vierzehn Tage nach dem ersten Bluten, ist die Hündin deckbereit, was besondere Vorsicht für Sie bedeutet.

Bis hierhin hat sie interessierte Rüden noch auf Abstand gehalten, doch jetzt lädt sie diese ein und ist gern bereit, sich auf eine Affäre einzulassen. Daher gilt grundsätzlich für die Phase der Läufigkeit, die Hündin anzuleinen, denn die Rüden in der Gegend haben längst bemerkt, wer hier so gut riecht, zeigen sich verliebt und nutzen jede Gelegenheit, um zu der läufigen Hündin zu gelangen. Wenn ihnen dies gelingt, ist es meist schon zu spät. Davon abgesehen kann es durch den eventuellen Größenunterschied sogar gefährlich werden.

Übrigens: Sollte die erste Läufigkeit Ihrer Hündin ein wenig länger als die regulären drei Wochen andauern, ist dies noch kein Grund, sich Sorgen zu machen. Das ist nicht ungewöhnlich und muss noch nichts bedeuten. Sie sollten nur weiterhin achtsam sein und nicht denken, dass die Läufigkeit immer und exakt nach drei Wochen beendet ist.

SPIELEN MIT SINN UND VERSTAND

Jeder Hund ist anders, denn auch wenn die grundlegenden Merkmale einer Rasse stets dieselben sind, so kann das Verhalten oft grundverschieden sein. Das eine Tier ist aktiver, während ein anderes nur faul im Körbchen liegt. Das eine ist wenig begabt, das andere klug und voller Tatendrang. Sogar hyperaktive Hunde gibt es, weshalb auch einige Regeln für das gemeinsame Spiel gelten sollten.

Das oberste Gebot dabei ist es, den eigenen Hund sinnvoll zu fordern, statt ihn sinnlos auszupowern. Oft wird hier und da ein Stöckchen geworfen oder gerannt, Hauptsache, der Hund ist schnell müde und kann am Ende des Spaziergangs kaum noch laufen. Doch genau diese Art des Spielens ist völlig falsch. Ein Hund muss nicht aufgedreht und dann völlig erschöpft sein. Er muss intelligent gefordert werden, damit er ausgeglichen und zufrieden ist, aber nicht körperlich vollkommen am Ende.

Gerade bei Kleinhunden trifft dies zu, denn wenn größere Hunde sicherlich auch eine ganze Menge Auslauf benötigen, brauchen die kleinen Tiere vor allem geistige Beschäftigung. Warum das vollkommene Auspowern dennoch so beliebt bei Haltern ist, dürfte klar sein, denn nach dem Rennen sind Hunde erst einmal ziemlich erschöpft und schlafen zu Hause schön durch. Das kann allerdings auch anders erreicht werden, denn gerade das Auspowern im Welpenalter ist meist kontraproduktiv und führt nur dazu, dass der Hund schnell erregbar und nervös wird und später nur noch schwer zur Ruhe kommt. Außerdem belastet es die noch relativ weichen Knochen und Gelenke zu stark.

Das Aufdrehen setzt außerdem ständig Adrenalin frei, welches danach erst einmal abgebaut werden muss, im Grunde aber vollkommen unnötig ist und den Körper in eine künstliche Stresssituation versetzt.
Das alles soll jetzt nicht heißen, dass Kleinhunde nicht bewegt werden dürfen, im Gegenteil, auch große Spaziergänge sind ohne Weiteres möglich und auch ein Rennspiel zwischendurch macht oft viel Freude. Doch es sollte eben nicht das Ziel sein, dass der Hund am Abend vor Erschöpfung zusammenbricht, sondern dass er einen ausgeglichenen und erlebnisreichen Tag hatte und seine Kopf einsetzen durfte.

Intelligente Spiele

Im Folgenden finden Sie ein paar grundlegende Beispiele für das richtige Spielen – nämlich das sinnvolle Spielen.
Suchspiele sind hier besonders geeignet oder auch Spiele, bei denen das Tier nachdenken muss und intelligent handeln soll. Für uns Menschen wirken diese Spielchen manchmal fast schon zu einfach, doch für Hunde sind sie genau das Richtige.

Suchspiele

Suchspiele sind sehr beliebt. Das hat natürlich einen Grund, denn Suchspiele sind für den Halter relativ einfach zu realisieren. Die Taschen mit Leckerlis füllen und hin und wieder eines davon fallen lassen. Naja, oder so ähnlich zumindest.
Suchspiele dürfen ruhig auch anspruchsvoller gestaltet werden. Zum Beispiel so: Der Hund macht Sitz und bekommt den Befehl „Warte". Nun wird das Leckerli versteckt, das Tier darf dabei zusehen, muss aber auf seinem Platz bleiben. Dann

erfolgt der Befehl „Such". Der Hund muss das Leckerli nun finden. Dabei kann natürlich auch Hilfe gegeben werden, zum Beispiel, indem auf das Leckerli beziehungsweise grob in die richtige Richtung gezeigt wird.
Erlernt ist „Such" schnell, für Spaß sorgt es aber ein Leben lang. Auf dem Spaziergang unter einem Baumstamm, in einem Erdhügel, im Garten, in der Wohnung unter dem Sofa, überall lassen sich Leckereien verstecken, die der Hund anschließend suchen kann. Ihn fordert und unterhält dies, für Sie ist es ein einfach umzusetzendes Spiel. Das Suchen sollte dabei aber nie zu lange dauern, da der Einsatz der Nase für den Hund recht anstrengend und erschöpfend ist. Am besten also einfach immer mal wieder spontan ein oder zwei Leckerlis verstecken. Das reicht, sorgt für Abwechslung im Alltag und macht Halter und Hund Freude.

Post oder Zeitung holen

Eine ideale Möglichkeit für ein sinnvolles Spiel ist auch der Gang zum Briefkasten. Warum den Hund nicht einfach mitnehmen? Versuchen Sie ihm beizubringen, die Zeitung oder – im Fall eines Chihuahuas – wohl eher einen leichten Brief zu tragen. Für den Hund ist dies später ein tolles Erlebnis, wenn er stolz mit dem Brief im Maul zum Haus läuft. Das ist einfach, aber wirklich ein schönes Spiel für den Morgen, welches auch immer wiederholt werden kann.

Panzerknacker

Geistig fordernd sind auch Suchspiele mit Versteck. Richtig gut haben sich alte Eierkartons erwiesen, denn diese lassen sich zwar verschließen, sind dabei aber immer noch relativ leicht zu öffnen. Also ein besonders leckeres Stück Wurst oder ein anderes stark duftendes Leckerli hineinlegen, verschließen, dann den Befehl „Such" aussprechen und warten.

Eierkartons sind für den Hund am Anfang oft gar nicht so einfach zu knacken. Manch ein Hund versucht es mit Zerfetzen, andere verstehen recht schnell, dass es vorn eine Öffnung gibt. Das Aufschieben ist dann aber wieder knifflig, daher sollten Sie Ihren Hund immer wieder motivieren.

Sollte er dennoch irgendwann die Lust verlieren, sorgen Sie schnell für ein Erfolgserlebnis. Motivieren Sie ihn ein letztes Mal, öffnen aber versteckt die Packung ein wenig, sodass sie sich schnell öffnen lässt und der Hund an die Belohnung herankommt.
Für meine Kleine waren und sind Eierkartons ein echter Panzerschrank. Sie kennt die Öffnung, versucht sie intelligent aufzuhebeln, ohne den Karton selbst mit Absicht zu zerstören. Das ist wirklich schön zu beobachten und ein toller Spaß – sowohl für sie als auch für mich.

Intelligente Spiele sind also ein gemeinsames Erlebnis, vor allem fordern sie das Gehirn Ihres Kleinen. Wird dies nicht genutzt, verkommt der Hund schnell, denn ohne Training und Herausforderungen wird auch der klügste Hund irgendwann dumm und träge. Neben all dem Toben und Rennen also bitte auch immer an intelligentes Spielen denken!

Wild spielen

Natürlich ist auch Bewegung wichtig. Welpen sollten zwar nicht überanstrengt werden, besonders da sie auch dann noch weiterspielen möchten, wenn sie eigentlich schon nicht mehr können. Doch grundsätzlich ist Bewegung wichtig. Eine Sache hat sich allerdings immer wieder ganz klar gezeigt: Hetzspiele sollten komplett vermieden werden. Das Hetzen oder extreme Rennen bringt einem Hund nämlich rein gar nichts, lediglich unnötiges Adrenalin wird produziert und dreht den Hund künstlich auf. Nach dem Spiel dauert es dann eine lange Zeit, bis der Hund wieder „heruntergefahren" ist und sich beruhigt. Rennen ist zwar okay, aber wilde Hetzspiele bitte gar nicht oder ganz selten anwenden.

Tauziehen

Gemeinsam an etwas Zerren, das baut natürlich auch viel Adrenalin auf, doch hier geht es schließlich um die wilden Spiele, da lässt sich dies am Ende auch nicht vollständig vermeiden. Am besten kombiniert man solche Spiele mit dem Befehl „Bring". Werfen Sie das Tau, den Knochen oder das Spielzeug weg, lassen es sich bringen, zerren dann ein wenig mit dem Hund darum, bis Sie bis am Ende die Beute haben oder das Ganze mit einem „Aus" beenden, um anschließend erneut zu werfen. So wird das Zerren nie zu wild und die Ablenkung beim Rennen sorgt für ein wenig Abwechslung beziehungsweise Abbau der angestauten Energie.

Sollte der Hund allerdings anfangen zu knurren, zu bellen oder wild zu werden, sollten Sie das Spiel sofort beenden. Wenden Sie sich ab und fangen Sie erst wieder nach einigen Minuten erneut an. Das ist äußerst wichtig, um die Rangordnung klarzustellen, die hier gern mal neu getestet oder sogar komplett vergessen wird.

Reizangel

Eine weitere Möglichkeit, ziemlich aktiv und schnell mit dem Hund zu spielen, ist eine sogenannte Reizangel. Hierauf spricht zwar nicht jeder Hund an, aber wenn, dann geht es richtig wild zur Sache.

Im Grunde funktioniert eine Reizangel wie das bekannte Spielzeug von Katzen. Die Angel selbst gibt es auch fertig zu kaufen, doch ich empfehle hier immer das Selbstbasteln, am besten gleich gemeinsam mit dem Tier. Einfach einen stabilen und langen Stock suchen, vorn etwas Schnur und einen buschigen Ast oder irgendetwas Ähnliches anbinden und schon kann es losgehen. Der Hund soll nun dem angebundenen Gegenstand folgen, was Spaß macht, vor allem dem Menschen, weil der sich gar nicht so sehr bewegen muss – dafür gibt es schließlich den langen Ast. Also immer hin und her, dann mal im Kreis und darauf achten, dass der Hund die „Beute" auch zwischendurch kriegen und festhalten kann, denn sonst verliert er die Lust an dem Spiel und ist schnell frustriert.

Die Reizangel ist, wie alle wilden Spiele, wieder so eine Sache für sich. Als Stichwort sei hier Jagdtrieb genannt, daher sollte es beim Spielen auch nie übertrieben werden. Grundsätzlich sorgt eine solche Reizangel aber für viel Spaß. Warum also nicht mal testen, wie der eigene Hund darauf anspricht?

Äste und Blätter

Sehr beliebt sind bei kleinen Hunden oft auch große Blätter oder Äste mit Gestrüpp daran. Diese werden dann zerfetzt und umher geschleudert. Es ist ein Spaß dabei zuzusehen, weil es wirklich niedlich ist. Dem Hund einfach mal mit einem möglichst großen Blatt vor der Nase wedeln, der Rest ergibt sich dann meist von selbst. Wirklich spielen lässt sich so etwas natürlich nicht nennen, doch es macht dafür eine ganze Menge Freude. Mit dem Ast also einfach ein wenig vor dem Hund herrennen, sodass er selbst hinterherlaufen muss, um den Ast zu erwischen – simpel und einfach, auch ohne teures Spielzeug aus dem Fachhandel.

Beißhemmung

Die noch nicht vorhandene Beißhemmung von Welpen ist immer ein großes Thema, denn das Beißen in die Hände und Kleidung des Menschen wird zunächst meist stärker, sobald man versucht es zu verbieten. Dann macht sich schnell Verzweiflung bei den Haltern breit. Doch keine Angst, dieses Beißen lässt sich in den Griff bekommen: mit ein wenig Disziplin, grundlegendem Wissen sowie einer großen Menge Geduld.

Dabei muss ich selbst zugeben, dass die Beißhemmung für mich eine der anstrengendsten Dinge während der Erziehung war. Jedes kleine Spiel, jede kleine Streicheleinheit, alles wurde gleich mit wildem Beißen honoriert, was allerdings auch daran gelegen haben könnte, dass meine Kleine ziemlich wild und frech war beziehungsweise ist. Trotzdem, es hat unglaublich genervt.

Für die Hunde ist es dagegen ganz natürlich, denn Welpen beißen sich nun einmal gegenseitig. Sie spielen mit dem Maul, während wir dazu unsere Hände benutzen. Im Spiel lernen sie nun durch zunehmende Erfahrung, wie stark sie zubeißen dürfen, ohne dass ihr Spielpartner Schmerzen erleidet. Beißt das Tier also zu sehr, beißt in der Natur das andere Tier schmerzhaft zurück und unterbricht damit sofort das derzeitige Spiel. Dies ist frustrierend für beide, denn eigentlich wollen sie ja weiterspielen. Nach kurzer Pause geht es dann meist auch erneut los, bis es wieder einer von den beiden übertreibt. So lernen die Welpen, dass sie nicht zu stark beißen dürfen, weil sie dem anderen sonst wehtun. Sie bekommen eine Beißhemmung, das heißt, sie lernen ihre Zähne kontrolliert einzusetzen und sie vorsichtig zu gebrauchen.

Im Spiel mit dem Menschen handelt der Welpe nun genauso. Ihm liegt es in den Genen, mit Maul und Zähnen zu spielen und alles anzuknabbern. Das geschieht instinktiv und ist angeboren. Der Welpe muss nun gegen seine Natur lernen, dass er seine Zähne gegenüber dem Menschen nicht gebrauchen darf, auch nicht spielerisch.

Es gibt einige Tricks, die dem Welpen schon von Anfang an begreiflich machen, dass Beißen weder zum Ziel führt noch erwünscht ist oder gar belohnt wird. Hier ist vor allem viel Disziplin nötig, da Ergebnisse oft auf sich warten lassen und es wirklich einige Zeit dauern kann, bis erste Erfolge sichtbar werden. Der Grund dafür ist einfach, denn das Beißen im Spiel gehört eben zum normalen Verhalten von Hunden dazu und kann somit auch nicht einfach von heute auf morgen abgestellt werden. Der Welpe muss erst lernen, dass er im Spiel mit Menschen seine Zähne nicht benutzen darf, und zwar von Anfang an, denn alles, was im jungen Alter nicht erlernt wurde, wird auch später oft nicht besser beziehungsweise ist dann nur noch schwer zu vermitteln.
Am besten ist hier eine ganz einfache Methode. Beißt der Hund im Spiel zu, hören Sie einfach kurz auf. Lassen Sie augenblicklich vom Spielzeug ab und drehen sich vielleicht sogar um, stehen auf oder erstarren einfach. Dabei sagen Sie deutlich und bestimmt „Nein". Nach einigen Sekunden kann es dann weitergehen. Wenn Sie das konsequent durchziehen, stellen sich nach kurzer Zeit bereits Erfolge ein. Nun muss man diszipliniert weiterüben, damit das Beißen auch wirklich komplett verschwindet.
Oft wird dazu geraten, einfach laut zu fiepen oder zu jaulen, weil Hunde das untereinander auch so handhaben. Davon rate ich aber ab. Außerdem wirkt es bei vielen Hunden, besonders bei den frechen, eher weniger. Lieber keine Schwäche zeigen, sondern Dominanz durch das Beenden des Spiels demonstrieren. Frei nach dem Motto: Wir spielen nach meinen Regeln oder wir spielen gar nicht.

DIE RICHTIGE ERNÄHRUNG

Ein Welpe – und natürlich auch später der erwachsene Hund – benötigt nicht nur gute Erziehung, auch das richtige Futter ist essentiell für seine Entwicklung.

Barfen oder Fertigfutter

Wer es sich leisten kann und sich nicht davor ekelt, kann von Anfang an Barfen. BARF ist die Abkürzung für „Biologically Available Raw Food", also „Biologisch artgerechtes Rohfutter". Barfen ist, kurz gesagt, das Füttern von rohem Fleisch und anderen rohen Zutaten wie Obst und Gemüse. Es ist die natürlichste und gesundeste Art, seinen Hund zu ernähren. Das Thema ist komplex, bedarf aber wichtiger Grundkenntnisse, damit der Vierbeiner mit allen wichtigen Nährstoffen, Mineralstoffen und Vitaminen versorgt wird. Außerdem muss diese Art der Fütterung individuell an das eigene Tier angepasst werden. Daher sollten Sie sich zuvor gründlich informieren, wenn Sie mit dem Barfen beginnen wollen. Hierzu gibt es die gute Fachliteratur. Und auch für abwechslungsreiche BARF-Rezepte gibt es das passende Buch (siehe Literaturverzeichnis).

Wer nicht Barfen möchte, der sollte Dosenfutter füttern. Von Trockenfutter rate ich persönlich grundsätzlich ab, weil es häufig künstliche Zusatzstoffe enthält wie zum Beispiel Geschmacksverstärker und Mittel zur Verlängerung der Haltbarkeit. Es ist industriell bis zur Unkenntlichkeit verarbeitet und schon lange in die Kritik geraten. Des Weiteren bestehen die gängigen Trockenfutter zum Großteil aus Getreide, was

das Futter zwar billiger macht, doch für einen Fleischfresser vollkommen unangebracht ist.
Gutes Futter ist im Bereich der Trockenfütterung sehr selten. Da ein Kleinhund aber ohnehin keine großen Mengen frisst, sind Dosen auch von der Kostenseite her durchaus realisierbar. Wer nun glaubt, er könne einfach die erstbeste Dose aus dem Supermarkt kaufen, der sollte geduldig weiterlesen, denn genau davon möchte ich persönlich direkt abraten.

Die richtige Futterwahl

Gerade bei Welpen ist eine gesunde Ernährung enorm wichtig. Die kleinen Hunde sollen sich schließlich positiv und gesund entwickeln, der Knochenaufbau soll stabil, das Fell voll und glänzend werden. Dies alles sind Dinge, die über die Nahrung direkt beeinflusst werden, mit minderwertigem Futter aber nicht vernünftig umgesetzt werden können. Daher sollte man von Anfang an die richtige Wahl treffen, statt später eventuell böse Überraschungen zu erleben. Gutes und somit auch gesundes Futter sorgt für ein besseres Wohlbefinden der Tiere – von den jungen Jahren bis ins hohe Alter.
Nun ist das Thema Hundefutter wieder eines der Dinge, bei denen Privatleute es gern besser wissen als der Tierarzt und überhaupt ihre ganz eigenen Methoden haben. Wer im Internet sucht, findet auf jede Frage ganz sicher fünf verschiedene Antworten, die sich natürlich alle als einzig wahre Lösung darstellen. Daher sollte man sich lieber ein eigenes Bild machen und selbst entscheiden, was sinnvoll ist. Bei der Wahl des Futters muss man vor allem auf einen besonders hohen Fleischanteil achten.

Ein gutes Futter zeichnet sich unter anderem auch dadurch aus, dass der Hund es gut verdauen und im Körper aufschließen kann. Je öfter der Hund Kot absetzt, desto schlechter ist die Verdaulichkeit des Futters für den Hundeorganismus. Gesundes und nahrhaftes Futter wird verdaut und im Körper gebraucht, dementsprechend wenig scheidet der Hund davon am Ende wieder aus. Er muss dann meist nur ein- bis zweimal pro Tag Kot absetzen. Frisst er hingegen ein minderwertiges Futter, so kotet er gern auch fünf- bis sechsmal täglich. Das ist ein eindeutiges Zeichen, auf das auch jeder Anfänger achten kann.

Die richtige Menge finden

Nachdem die Grundlagen des Futters nun geklärt wurden, stellt sich natürlich noch die Frage, wie viel Futter ein Kleinhund eigentlich braucht. Hier lässt sich pauschal keine Zahl in den Raum werfen, denn jeder Hund ist unterschiedlich und braucht demnach auch eine andere Menge Futter. Manch einer neigt zum Dickwerden, wogegen ein anderer bei gleicher Futtermenge schlank bleibt. Daher gilt es, den eigenen Hund auch hier wieder zu beobachten und so herauszufinden, was die richtige Menge für ihn ist.

Bei sehr kleinen Hunden ist dies, wie bei allen anderen Rassen auch, individuell, doch im Durchschnitt ergibt sich eine Menge zwischen 160 bis 250 Gramm Nassfutter pro Tag (ausgewachsener Chihuahua). Wird der Hund zu dick, wird weniger gefüttert. Wird der Hund zu dünn, gibt es eben etwas mehr.

Grundsätzlich sollten Welpen drei- bis viermal am Tag gefüttert werden, ausgewachsene Hunde hingegen nur noch zweimal täglich. Die Zeiten dürfen selbst gewählt werden, zu spät sollte aber auch nichts mehr gegeben werden. So macht es

Sinn, morgens nach dem ersten Spaziergang zu füttern sowie am späten Nachmittag, also gegen 16 bis 17 Uhr. Das Füttern sollte so erfolgen, dass zur Nacht keine großen Mengen Futter mehr im Magen verbleiben. Deshalb kann man am Morgen eine besonders große und reichhaltige Portion geben, am Abend aber nur eine kleinere Menge. Dies hat sich nach meinen eigenen Erfahrungen als sehr gut erwiesen, deshalb möchte ich es nun auch weiterempfehlen.

Sind Nahrungsergänzungsmittel sinnvoll?

Viele Menschen wollen ihrem Hund etwas besonders Gutes tun und meinen, das tägliche Futter durch Nahrungsergänzungsmittel aufwerten zu müssen. Kein Wunder, denn der Markt bietet eine breite Palette davon an. Toll klingende Versprechungen auf der Verpackung verführen zum Kauf: zur „Förderung der Stabilität von Knochen und Gelenken", für „gutes Fell und feste Krallen", zur „Unterstützung der Verdauung", „wichtig für den Muskelaufbau" usw.

Das stimmt zwar durchaus, denn die enthaltenen Substanzen werden vom Hundekörper tatsächlich benötigt. Was aber nicht auf den Packungen vermerkt wurde, ist, dass eine Überversorgung mit entsprechenden Mineralien und Spurenelementen oder auch mit einigen Vitaminen durchaus zu Schäden in Skelett und Körper führen kann.
Wer also ein handelsübliches Alleinfuttermittel gibt, der kann auf derartige Futterzusätze verzichten, denn in solch einem Futter ist bereits alles Notwendige enthalten. Gerade ein so kleiner Körper nimmt sonst schnell eine höhere Dosis auf, als ihm guttut.

Manchen Überschuss kann der Körper ausscheiden, anderes wiederum lagert sich in den Knochen und Organen ab und führt letztendlich zu Schäden, die nicht mehr rückgängig gemacht werden können. Einige dieser Schäden zeigen sich erst nach mehreren Jahren, andere „Überdosen" können zu leichten Vergiftungen führen, den Herzmuskel schädigen oder krankhafte Verkalkungen im Skelett hervorrufen. Auch die Wechselwirkung der Nährstoffe untereinander kann sich ungünstig auswirken, wenn von einem bestimmten Mineralstoff zu viel im Körper gespeichert wird.
Ein Zuviel ist in diesem Falle also schädlicher als ein Zuwenig, denn während eine Überversorgung gesundheitliche Schäden verursachen kann, kann der Körper einen leichten Mangel meist ausgleichen, ohne dauerhaft oder ernstlich zu erkranken. Der gesunde Hund, der mit einem handelsüblichen Alleinfutter ernährt wird, benötigt daher keine Nahrungsergänzungsmittel.
Wer nun trotzdem zweifelt, der sollte unbedingt vorab einen Gesundheitscheck beim Tierarzt durchführen lassen, um festzustellen, ob sein Hund tatsächlich einen Mangel an Nährstoffen hat und somit einen Futterzusatz benötigt.
Ich möchte aber gar nicht generell von Nahrungsergänzungen abraten, denn in manchen Fällen kann es durchaus eine wertvolle Unterstützung der Ernährung und der Gesundheit sein. Ich möchte aber davor warnen, solche Produkte unüberlegt und gutgläubig zu kaufen und zu füttern, nur weil auf der Verpackung eine ganze Menge Wohlklingendes angepriesen wird.

Bitte immer daran denken: Die Dosis macht das Gift! Was in kleinen Mengen wertvoll und gesund ist, kann in größeren Mengen sehr schädlich sein. Gerade der winzige Körper von Kleinhunden, kann schnell aus dem Gleichgewicht geraten und eine zu hohe Dosis abbekommen, die dann zur Gefahr werden kann.

Alles rund um die Gesundheit

Gesundheit (oder auch Krankheiten) sowie die Körperpflege sind Themen, über die sich Hundehalter nicht ganz so gern Gedanken machen. Dabei ist es durchaus wichtig, bereits vorab über die grundlegenden Dinge aufgeklärt zu sein, denn wer bereits Bescheid weiß, braucht nicht nach einer Lösung zu suchen. Das spart Zeit – Zeit, die im Ernstfall eventuell auch gar nicht vorhanden ist.

Keine Minis und kein Merle

Bevor die praktischen Tipps für die richtige Körperpflege und die Gesunderhaltung beschrieben werde, möchte ich noch auf ein anderes Thema in Sachen Gesundheit eingehen, das besonders bei der Zucht und der Auswahl des Hundes eine wichtige Rolle spielt.

Bitte keine Qualzucht!

So manche Hunderasse ist stark überzüchtet, doch viele Kleinhunde sind noch überraschend vital. Damit das auch so bleibt, achten Sie beim Kauf immer auch auf die Feinheiten. Kleinhunde sind bereits klein – daher sind Varianten wie Mini, Teacup und Ähnliches absolut nicht notwendig. Es kann zwar auch in der Natur vorkommen, dass bei einem Wurf mal ein besonders kleiner Welpe dabei ist, doch im Normalfall sind die winzigen Tiere oft Züchtungen, welche meiner Meinung nach bereits in den Bereich der Qualzucht gehen.

So höre ich immer wieder von Hündinnen, die unterernährt werden, nur damit deren Welpen möglichst winzig und untersetzt auf die Welt kommen. Die Folge ist ein süßer kleiner Hund, der schnell verkauft wird, im Leben aber extreme Probleme haben wird. Organe können nicht normal wachsen oder finden im kleinen Körper nicht genug Platz. Das Herz schlägt deutlich schneller, was ebenfalls Probleme hervorruft. Knochen, Schädel, Sehnen – nahezu alles ist bei Mini-Züchtungen nur sehr rudimentär ausgeprägt, was unweigerlich zu gesundheitlichen Schäden führt. Auch die Sterberate ist nicht zu vernachlässigen, denn oft sterben die Mütter bereits während der Geburt. Davon abgesehen ist die Lebenserwartung dieser extrem kleinen Hunde deutlich geringer und auch den Alltag kann ein so kranker Winzling kaum meistern.

BITTE SEHEN SIE VON DERARTIGEN QUALZUCHTEN AB!
Ein Chihuahua ist kein Problem, ein Teacup-Chihuahua allerdings ganz sicher.

Das Problem der Merle-Färbung

Die sogenannte Merle-Färbung ist bei Haltern sehr beliebt, denn das gesprenkelte Muster ist ziemlich außergewöhnlich und sehr reizvoll. Es gibt sogar einige Rassen, bei denen die Merle-Färbung anerkannt und im Standard mit aufgeführt ist. Der Chihuahua gehört zum Beispiel dazu.
Doch die Akzeptanz von Merle zeigt nur, dass viele Halter sich immer noch keinerlei Gedanken über die Folgen machen oder ihnen schlichtweg die passende Information fehlt. So ist die Merle-Färbung eigentlich ein Gen-Defekt, der schon lange skeptisch begutachtet wird.
Das Problem bei Merle-Züchtungen ist, dass die Träger dieses Gens häufig auch gewisse Gehör- und Augenanomalien besitzen, die bis zu völliger Taubheit und/oder

Blindheit führen können. Und wenn zwei Hunde mit einer Merle-Färbung verpaart werden, kommen mit Sicherheit mehrere der Welpen mit schweren Schädigungen auf die Welt oder sind sogar nicht lebensfähig. Daher ist bei uns in Deutschland das Verpaaren von zwei merlefarbigen Hunden verboten. Aber leider gibt es immer wieder unseriöse Züchter, die sich darüber hinwegsetzen, nur um möglichst viele merlefarbige Hunde, die so beliebt sind, zu erhalten. Und in so manchen anderen Ländern sind diese Verpaarungen überhaupt nicht verboten.

Das Ziel bei der Zucht muss aber immer ein gesunder Hund sein, nicht eine besondere Farbe, welche durch einen Gen-Defekt hervorgerufen wird.
Wer das Wohl der Tiere im Sinn hat, der sollte grundsätzlich Abstand von der Merle-Färbung nehmen, da sie immer mit einer Anomalie verbunden sein kann, und macht andere Hundehalter auch darauf aufmerksam.

Krallenschneiden

Das erste Thema in Bezug auf die erforderliche Körperpflege sind sicherlich die Krallen, denn die müssen regelmäßig geschnitten werden. Dies erledigt zwar auch der Tierarzt, doch nimmt der dann auch gern Geld dafür. Auch ist man in der Regel nicht so oft beim Tierarzt, wie das Krallenschneiden notwendig ist – also einfach selbst eine Krallenzange kaufen, denn so richtig schwer ist das Schneiden der Krallen nun wirklich nicht.

Ein echter Vorteil sind dabei helle Krallen. Hat der Hund helle Krallen, schneidet man diese am besten bei guter Beleuchtung, denn dann ist in den Krallen deutlich

eine rote Linie sichtbar. Diese darf nicht angeschnitten werden, was eigentlich die einzig heikle Sache beim Krallenschneiden ist. Es handelt sich dabei nämlich um Blutgefäße.

Doch egal ob helle Krallen oder dunkle, sie sollten nie übertrieben kurz geschnitten werden. Allerdings kann es in all den Jahren, die man seinen Hund hat, doch mal aus Unachtsamkeit vorkommen, dass man aus versehen zu tief geschnitten hat und dann Blut fließt.

Falls das eintritt, kann es sein, dass diese Wunde sehr lange blutet. Die Heilung dort dauert auch ziemlich lang, weil die schützende Kralle erst wieder nachwachsen muss. Bis dahin ist Vorsicht beim Spazierengehen geboten, damit das Tier sich das Blutgefäß nicht erneut aufreißt. War der Schnitt extrem tief, sollte man allerdings nicht einfach abwarten. Dann ist ein Besuch beim Tierarzt angebracht.

Zecken

Zecken sind klein, hinterhältig, vor allem aber auch unglaublich gefährlich. Eigentlich sind die kleinen Tierchen ja kein Problem, würden sie nicht die schlimmsten Krankheiten übertragen. Gemeint ist beispielsweise die Borreliose, welche laut Statistiken vor allem im Süden von Deutschland verbreitet ist beziehungsweise dort am häufigsten von den Zecken übertragen wird. Vorsicht ist also geboten. Deshalb sollten Hunde auch nach jedem Spaziergang einmal gekämmt und kontrolliert werden, sodass die Zecken entfernt werden, bevor sie sich festbeißen können.

Hat es eines der Biester dennoch geschafft, wird es mit der Zeckenzange möglichst tief am Kopf fixiert und dann herausgehebelt. Anders als oft angenommen, ist Drehen weniger effektiv. Das Tier mit Ölen zu ertränken, führt sogar dazu, dass es noch einmal sämtliche Erreger ausspuckt. Daher: Egal ob mit Zeckenzange oder mit den Fingernägeln, die Zecken immer vorsichtig hebeln, bis sie sich lösen und herausziehen lassen.

Der Mythos, dass Zecken auch ohne Körper weiterleben, ist übrigens Quatsch. Deshalb ist es auch kein Drama, wenn der Kopf mal abreißt und dann einzeln entfernt werden muss. Entfernen sollte man den Kopf allerdings trotzdem, da er sonst unter Umständen eine Entzündung hervorrufen kann.

Borreliose-Gefahr

Zecken und damit eine mögliche Borreliose müssen wirklich ernst genommen werden. Zwar lässt sich im Alltag nur wenig gegen die Tierchen unternehmen, doch gerade auf eine tägliche Kontrolle, zumindest im Sommer, wenn viele Zecken unterwegs sind, sollte keinesfalls verzichtet werden.

Ich selbst habe Borreliose bei dem Hund eines Freundes erlebt. Der sonst so aktive Hund wurde zunächst träge, einige Zeit später sackten seine Hinterbeine weg und inzwischen kann er kaum noch laufen oder sich bewegen. Trotz ständiger Tierarztbesuche und zweiter Meinung ist nichts mehr zu machen. Dieser Fall hat mir deutlich gezeigt, was Zecken tatsächlich anrichten können, denn davor war mir dies zwar bekannt, aber nie so stark bewusst.

Haut und Fell

Die gesunde Haut ist eben und trocken, frei von Pickeln, Rötungen oder Beulen. Jede feuchte oder gerötete Stelle auf der Haut deutet auf eine Entzündung hin. Auch mögliche Schwellungen sollten beobachtet oder sogar beim Tierarzt abge-

klärt werden. Kleinere Verletzungen (Kratzer oder Hautabschürfungen, auch Zeckenbisse) kann man mit Betaisodonna-Salbe aus der Apotheke desinfizieren. Die Salbe tötet Bakterien ab und verhindert, dass sich eine Wunde entzündet.
Das gesunde Fell sollte letztendlich immer dicht und glänzend sein. Kahle Stellen oder brüchiges und stumpfes Haar können ebenso Zeichen einer Erkrankung sein wie starker Juckreiz. Ein gesunder Hund hat also auch ein glänzendes, gesundes Fell.

Fellpflege

Um Krankheiten von Haut und Fell sowie einen Parasitenbefall frühzeitig zu erkennen, sollte man seinen langhaarigen Hund täglich oder wenigstens zweimal pro Woche gründlich kämmen und dabei alle Knoten im Fell herausbürsten. Die Haare des Hundes wachsen, sterben ab und fallen aus. Beim Bürsten werden die alten Haare entfernt, damit sie nicht im Fell hängenbleiben und verfilzen, denn dann wird der Pelz zu dicht, die Haut bekommt nur noch wenig Luft und kann nicht mehr richtig atmen.
Den kurzhaarigen Hund sollte man mit einer „Babybürste" oder einem geriffelten Pflegehandschuh überbürsten. Das fördert sein Wohlbefinden, stärkt das Zusammengehörigkeitsgefühl und ist gut für die Durchblutung der Haut. Eine gesunde Haut wiederum ist wichtig für gesundes und glänzendes Fell.
Mit der Fellpflege sollte man schon früh beim Welpen beginnen, damit dieser lernt stillzuhalten und die Pflegehandgriffe zum Alltag werden. Ist er nämlich wirklich einmal krank oder hat eine Verletzung, dann kann man die Stelle stressfrei und gründlich ansehen und gegebenenfalls behandeln. Berühren Sie Ihren Welpen also immer mal wieder auch am Bauch und an und unter den Pfoten. Zeigen Sie ihm, dass es nicht wehtut, und gewöhnen Sie ihn so daran, dass er dabei stillhält und keinerlei wehrhaftes Verhalten zeigt.

Hundekleidung? Nein, danke!

Dass Hundekleidung in den meisten Fällen vollkommen überflüssig ist, haben inzwischen die meisten Kleinhundehalter verstanden. Dennoch hält sich ein Gerücht, nämlich dass Kleinhunde im Winter unbedingt einen Pullover brauchen. Aus dem Mantel wird dann schnell ein Weihnachtsmann-Kostüm für Hunde, weil das Tier darin so süß aussieht.

Das ist natürlich alles Quatsch, denn Kleinhunde brauchen auch im Winter keinen Pullover. Es sei denn, Sie ziehen Ihrem Hund von Anfang an einen Pullover an und er hat sich nie an Kälte und Schnee gewöhnen können. Dann wird er die Kälte auch nicht ohne Pullover vertragen. Genau das ist aber wieder ein Beispiel dafür, wie Kleinhunde konsequent in ihrem Verhalten verändert werden.

Um das Ganze einfach mal zu wiederlegen: Meine Chihuahua Hündin rennt gern durch den Schnee. Ich mache mit ihr große Spaziergänge durch den Wald, renne mit ihr einen verschneiten Berg hinab und gehe mit ihr in den Tiefschnee, wo sie fast untergeht. Ein wunderschönes Winter-Abenteuer für uns beide, ganz ohne Mantel oder Pullover. Krank war sie deshalb übrigens auch noch nie.

Hundekleidung baucht also im Grunde kein Mensch. Friert oder zittert der Hund oder ist er gesundheitlich angeschlagen, weil er vielleicht ein Nieren- oder Rückenproblem hat, ist ein Mantel natürlich okay, aber ein Weihnachtsmann-Kostüm muss es ganz sicher nicht sein. Pullover mit Kapuze, mit Aufdruck, sogar Kleider habe ich schon gesehen. Sie sind aber schlichtweg nicht notwendig, solange der Hund gesund ist, man ihn auch an Nässe und Kälte gewöhnt und ihm beibringt, dass nicht alles schlecht ist.

Die Ohren

Ein gesundes Ohr ist sauber und riecht kaum. Ein wenig Ohrenschmalz ist allerdings durchaus okay, denn damit reinigt sich das Ohr praktisch von selbst. Zwischendurch lässt sich der Ohrenschmalz mit einem sauberen Tuch oder einem Wattestäbchen entfernen, um das Ohr so sauber zu halten.

WICHTIG!

Bei einer Ohrenreinigung bitte nicht im Ohr herumstochern, sondern immer nur so weit säubern, wie man auch in das Ohr hineinsehen kann! Da Hunde einen Knick im Gehörgang haben, schiebt man durch Stochern den Dreck nämlich nur tiefer in das Ohr hinein, sodass er ans Trommelfell drückt und dort dann eventuell Schmerzen verursacht. Außerdem kann der Gehörgang verletzt werden. Also beim Reinigen nie zu tief in das Ohr drücken.

Ist das Ohr sehr dreckig, sollte man einen handelsüblichen Ohrreiniger in das Ohr einträufeln, diesen dort dann etwas einmassieren und einen Moment warten. Der Hund wird nun mit dem Kopf schütteln, um die Flüssigkeit samt Dreck aus dem Ohr herauszubefördern. Jetzt muss man nur noch die Reste vom Ohrenschmalz aus dem sichtbaren Teil des Ohres auswischen und schon ist das Ohr gründlich gereinigt.

Ohrreiniger sollte allerdings nur bei wirklich starker Verschmutzung genutzt werden, denn ein sauberes und gesundes Ohr braucht im Normalfall keine solch intensive Pflege.

Ohrenentzündung

Wenn das Ohr nicht nur stark verschmutzt ist, sondern auch noch unangenehm süß-säuerlich riecht, eventuell gerötet ist oder der Hund starken Juckreiz im Ohr hat, so handelt es sich vermutlich um eine Ohrenentzündung, die unbedingt behandelt werden muss.

Eine Ohrenentzündung ist für den Hund sehr unangenehm und kann auch schmerzhaft werden. Die häufigsten Ursachen für eine Ohrenentzündung sind Pilze, Bakterien oder auch ein Fremdkörper im Ohr (zum Beispiel eine Granne, die sich der Hund im hohen Gras einfangen kann). Auch Ohrmilben können die Ursache sein. Neben den oben genannten Anzeichen gibt es noch folgende Symptome, die auf eine Ohrenentzündung oder einen Fremdkörper im Ohr hinweisen können: häufiges Kopfschütteln, mit den Pfoten an den Ohren kratzen, Schiefhalten des Kopfes oder häufiges Reiben der Ohren am Boden oder auf dem Teppich.

Die Augen

Ein gesundes Auge ist offen, feucht und glänzend. Das Weiße ist nicht gerötet, es sind keine Trübungen oder milchigen Flecken zu erkennen, die rote Bindehaut im Auge ist nicht blass und auch nicht tief dunkelrot gefärbt, das Auge tränt nicht oder nur sehr wenig. Handelt es sich um klaren oder etwas schleimigen Augenausfluss, kann man ihn einfach mit einem sauberen, eventuell leicht angefeuchteten Tuch oder Wattepad abwischen. Besonders die großen Kulleraugen eines Chihuahuas sind empfindlich.

Fremdkörper

Ein Fremdkörper im Auge (zum Beispiel ein Sandkorn) führt dazu, dass das Auge zunächst stark tränt. Das Tränen soll den Fremdkörper von allein herausspülen. Durch die Reizung des Auges kann eine Rötung entstehen und möglicherweise blinzelt der Hund häufiger oder kneift das Auge des Öfteren zu. Keine Angst, das ist noch kein Grund zur Sorge, einfach erst einmal abwarten.

Wird der Zustand nicht besser, kann man nachsehen, ob man selbst einen Fremdkörper im Auge erkennen kann. Dazu hebt man das obere Augenlid ein wenig an und zieht das untere ein bisschen nach unten. Nun kann man die rote Bindehaut sehen. Sollten Sie wirklich etwas entdecken, was nicht in das Auge gehört, nehmen Sie ein sauberes Tuch und wischen das Auge damit von außen nach innen aus. Dabei versucht man natürlich, den Fremdkörper zu entfernen.

WICHTIG!

Das Auge nur auswischen, niemals mit den Fingern oder mit Gegenständen wie Pinzette an das Auge gehen. Dadurch entsteht eine hohe Verletzungsgefahr und so eine Verletzung kann sogar zur Erblindung führen.

Falls man auf die oben genannte Art den Fremdkörper nicht entfernen kann und das Auge es auch nicht von selbst schafft, diesen loszuwerden, dann sollte man den Tierarzt aufsuchen. Raus muss der Fremdkörper allerdings auf jeden Fall, denn auf Dauer entstehen durch ihn ernsthafte Augenerkrankungen.

Bindehautentzündung

Eine Bindehautentzündung äußert sich dagegen zumeist durch verstärkten Augenausfluss, der gelblich oder grünlich aussieht und ziemlich schleimig ist. Die rote Bindehaut ist nun dunkelrot gefärbt und das Auge kann geschwollen oder verklebt sein. Oft hat der Hund auch Juckreiz am erkrankten Auge. Wenn die Symptome länger als zwei Tage anhalten, dann heißt es ab zum Tierarzt, denn nun ist eine Augensalbe notwendig.

Die Zähne

Ein Welpe wird zahnlos geboren. Im Alter von sechs bis sieben Wochen ist sein Milchgebiss vollständig mit 28 Milchzähnen ausgestattet. Diese sind weiß und sehr spitz. Mit etwa dreieinhalb Monaten beginnt dann der Zahnwechsel: Die Milchzähne werden langsam locker, weil sie von den nachfolgenden bleibenden Zähnen herausgedrückt werden.

Der Zahnwechsel

In der Zeit des Zahnwechsels kann es sein, dass der Hund ein starkes Kaubedürfnis hat und anfängt, auf allem Möglichen herumzubeißen. Geben Sie ihm dann ruhig ein Spielzeug, einen Ball oder einen Knochen, auf dem er herumkauen darf, damit er sich nicht an den Möbeln vergreift und der Zahnwechsel schneller vonstatten geht. Als Erstes fangen dann die Schneidezähne an zu wackeln, bis sie schließlich einfach ausfallen. Es entsteht eine Zahnlücke, manchmal sieht man nur eine kleine Wunde anstelle des Zahnes, es kann aber auch schon die weiße Spitze des wachsenden bleibenden Zahnes erkennbar sein.

Hinter den Fangzähnen (das sind die vier großen Eckzähne) wächst ein Reißzahn, den es im Milchgebiss noch gar nicht gegeben hat. Vorher war dort nur eine Zahnlücke zu sehen, jetzt wird diese geschlossen. Als Nächstes wackeln und wechseln die Milchbackenzähne, gleichzeitig wachsen im hinteren Teil des Kiefers (wo gar keine Milchzähne waren) weitere bleibende Backenzähne. Die vier Fangzähne fallen meist zuletzt aus. Sie können dabei sehr hartnäckig sein und eine lange Zeit wackeln. Manchmal ist der bleibende Zahn schon zur Hälfte sichtbar, aber der Milchzahn fällt immer noch nicht aus. Mit sechs Monaten sollten dann aber endgültig alle Milchzähne raus und alle bleibenden Zähne nachgewachsen sein. Das vollständige Hundegebiss besteht nun aus insgesamt 42 Zähnen. Diese sind wesentlich dicker und größer als die Milchzähne, dafür sind sie aber weniger spitz und scharf.

Zahnstein

Im Laufe des Lebens entsteht bei vielen Hunden dann auch Zahnstein, zunächst nur als gelblicher Belag, meist oben am Zahn kurz unter dem Zahnfleisch. Durch das Kauen auf Knochen reibt sich dieser Belag oft ab. Hunde, die nur Nassfutter beziehungsweise nur weiche Nahrung zu sich nehmen, bekommen oft schneller und vor allem auch stärker Zahnstein. Der gelbliche Belag wird mit der Zeit dunkler, fester und breitet sich im gesamten Gebiss aus. Im späteren Stadium kann er braun und fast so hart wie der Zahn selbst werden. Dann ist aus dem Zahnbelag echter Zahnstein geworden und sollte entfernt werden, da er von Bakterien nur so wimmelt.

Hunde mit starkem Zahnstein haben fast immer eine Zahnfleischentzündung, die man am Mundgeruch und dunkel gerötetem Zahnfleisch erkennen kann. Da die Bakterien sich vom Maul in den Rachen und weiter bis zum Herzen ausbreiten können und dort schlimmstenfalls eine Herzmuskelentzündung verursachen, sollte

Zahnstein besser behandelt werden, bevor er solche extremen Ausmaße annimmt. Vorbeugend kann man dem Hund die Zähne putzen oder regelmäßig harte Kauknochen geben (oder festes Spielzeug), damit sich der am Anfang noch weiche Zahnbelag abreibt und echter Zahnstein gar nicht erst entstehen kann. Das hilft allerdings nicht immer. Futter mit hohem Getreideanteil erhöht die Gefahr der Zahnsteinbildung, da Getreide viele Kohlenhydrate und somit Zucker enthält. Es muss hier aber auch erwähnt werden, dass generell einige Tiere einfach dazu neigen, schnell und stark Zahnstein zu bekommen, während andere Tiere dagegen fast völlig verschont bleiben, unabhängig davon, wie sie leben oder ernährt werden.

Blähungen und Verstopfung

Jeder Hund pupst mal. Das ist normal, besonders bei Futterveränderungen. Wenn der Hund extrem viel pupst und vielleicht sogar Bauchweh oder Verstopfung hat, dann sollte man ihm zunächst Bewegung verschaffen, möglichst im Trab-Tempo und für etwa 15 Minuten oder je nach Kondition auch länger. Manchmal hilft das schon, denn durch die Bewegung kommt die Verdauung in Schwung und das Problem löst sich innerhalb weniger Stunden von allein.

Hilft es allerdings nicht und die Verstopfung dauert länger als zwei Tage an, so kann ein Darmverschluss dahinterstecken. Dann muss der Hund unbedingt zum Tierarzt! Es kann sein, dass er etwas Falsches oder etwas Unverdauliches (ein Stück von seinem Spielzeug oder Plastik) gefressen hat, was jetzt seinen Darmausgang verstopft. Ein Zeichen dafür ist, dass der Hund häufig, aber erfolglos versucht Kot abzusetzen und das Pressen unangenehm oder sogar schmerzhaft ist.

Durchfall

Wenn ein Hund ein- oder zweimal hintereinander Durchfall hat, dann ist das kein Problem. Vielleicht hat er eine kleine Magenverstimmung oder etwas Falsches gefressen, vielleicht ist es auch einfach nur Stress oder Aufregung. Auch auf eine neue Futtersorte können Hunde mit Durchfall reagieren. Dann erst einmal einen Tag lang gar nichts füttern (Wasser soll und muss er aber trinken!) und am zweiten Tag nur kleine Mengen Futter geben, damit der Magen-Darm-Trakt etwas Ruhe bekommt.
Wenn der Durchfall flüssig wie Wasser ist und nach einem Fastentag nicht fester wird, dann muss entsprechend gehandelt werden. Durch wässrigen Durchfall verliert der kleine Körper sonst nämlich viel zu schnell Feuchtigkeit, trocknet aus und entkräftet schnell und ist damit nicht mehr in der Lage, selbst gegen die Ursachen des Durchfalls anzukämpfen. Wenn der Hund wässrigen oder blutigen Durchfall hat, schlapp und müde wirkt und vielleicht Bauchschmerzen oder gar Fieber hat, dann steckt meist etwas Ernsteres hinter dem Durchfall und sollte sofort bei einem Tierarzt abgeklärt werden.

Wurmbefall

(Fast) jeder Hund hat Würmer. Das lässt sich auch gar nicht vermeiden. Beim Schnüffeln am Boden nimmt der Hund Wurmeier oder Wurmlarven auf, die dann in seinen Magen-Darm-Trakt gelangen und sich dort zu Würmern entwickeln. Selbst am Schuh des Besitzers können sich die winzigen Wurmeier befinden. Es ist also so gut wie unmöglich, den Hund davor zu bewahren. Wenige Würmer im Körper sind allerdings nicht schlimm, nur wenn es zu viele werden, wird der Hund dadurch krank. Um dem vorzubeugen, sollte man regelmäßig eine Wurmkur verabreichen, auch wenn der Hund nicht so aussieht, als hätte er Würmer. Alternativ kann man regelmäßig eine Kotprobe untersuchen lassen, um nur eine Wurmbehandlung durchzuführen, wenn wirklich ein Wurmbefall vorliegt.

Ein sehr starker Wurmbefall führt zu stumpfem Fell, Abmagerung trotz guten Appetits, Erbrechen von Würmern oder gar Blutarmut (erkennbar an blassen Schleimhäuten in Augen und Maul). Der Hund wirkt schlapp und müde, weil die übergroße Anzahl von Würmern in seinem Magen-Darm-Trakt sich entweder von seinem Blut oder von dem Futter in seinem Magen ernährt. Je nach Wurmart kann auch ein gelegentliches Husten auftreten, da manche Wurmarten in die Lunge wandern. Manchmal sieht man im Kot, am After oder im Fell rund um den After kleine Wurmteile von Bandwürmern, die wie Reiskörner aussehen. Auch das Erbrechen von Würmern (Rundwürmer können wie dünne Spaghetti aussehen) ist möglich.

Husten

Husten muss immer ernst genommen werden, da er in der Regel äußerst ansteckend ist und unbehandelt sehr schnell zu Bronchitis oder Lungenentzündung führen kann. Wenn Hunde husten, dann hört sich das meist anders an als beim menschlichen Husten. Es ist mehr ein Würgen oder Röcheln, ein scharfes, geräuschvolles Ausstoßen von Luft. Danach leckt oder schluckt der Hund, vielleicht spuckt er aber auch etwas Schleim auf den Boden.

Ruhe und saubere Luft können helfen, dass der Hund eine leichte Hustenerkrankung allein bekämpfen kann. Wenn der Hund allerdings schlapp und müde wirkt, Fieber hat, der Husten schlimmer oder nach drei Tagen nicht deutlich besser wird, so muss er medikamentös behandelt werden, damit die Bakterien und Viren nicht aus den oberen Atemwegen in Bronchien und Lunge wandern und somit zu einer Lungenentzündung oder Bronchitis führen.

Fieber

Fieber ist immer ein Zeichen für eine Erkrankung. Durch eine Erhöhung der Körpertemperatur versucht der Hundekörper, die krankmachenden Bakterien zu verbrennen und abzutöten. Steigt das Fieber zu hoch, dann schädigt der Körper jedoch auch sich selbst, weshalb bei Fieber immer die Ursache abgeklärt werden sollte und der Hund oft auch medikamentös behandelt werden muss.
Die normale Körpertemperatur liegt zwischen 38 °C und 39 °C. Bei sehr kleinen Hunden wie dem Chihuahua kann sie auch bei 39,2 °C liegen. Die Temperatur wird bei Tieren im After gemessen. Das Thermometer darf dabei niemals mit Kraft und niemals zu weit in den After eingeführt werden! Lassen Sie sich von einem Fachmann zeigen, wie es richtig geht, bevor Sie es selbst versuchen!
Ein Hund, der Fieber hat, ist meist müde und wirkt schlapp beziehungsweise lustlos. Er schläft viel und zieht sich vielleicht sogar zurück, kann aber auch einfach vermehrt anhänglich und liebebedürftig wirken. Manchmal fühlt sich auch sein Kopf ungewöhnlich warm an, so als würde er Hitze ausstrahlen. Alle diese äußeren Anzeichen können, müssen aber nicht zwingend auftreten. Eine sichere Diagnose ist hier nur durch Fiebermessen mit dem Fieberthermometer möglich.

Blasenentzündung

Jeder Hund kann sich mal eine Blasenentzündung einfangen, schließlich liegen Hunde oft am Boden und der ist nicht immer warm und sauber. Eine leichte Blasenentzündung kann sich zunächst dadurch zeigen, dass der Hund öfter als sonst urinieren muss und viel trinkt. Viel trinken spült die Blase gut durch und ist deshalb auch wichtig. Halten Sie Ihren Hund dann warm, trocken und sauber.

Wird die Blasenentzündung schlimmer, hat der Hund Schmerzen beim Urinieren, setzt deshalb nur kleine Mengen oder wenige Tropfen ab und fiept dabei eventuell sogar etwas. Es kann auch sein, dass er vermehrt in die Wohnung macht, obwohl er eigentlich bereits stubenrein ist. Das liegt dann daran, dass er den Urinabgang nicht mehr unter Kontrolle hat (leichte Inkontinenz) oder beim Anhalten Schmerzen empfindet. Bei einer schweren Blasenentzündung ist außerdem oft Blut im Urin, auch Fieber ist dann keine Seltenheit. Gerade bei Fieber und Schmerzen ist wieder ein Besuch beim Tierarzt angebracht.

Insektenstiche

Es ist Sommer, der Klee blüht, die Wiesen sind voller Bienen und Wespen, da ist es doch eigentlich nur eine Frage der Zeit, bis der eigene Hund von einer Biene oder Wespe gestochen wird. Bei meiner Kleinen war dies der Fall, denn obwohl ich die Gefahr sogar sah und sie sofort von der Wiese rief, passierte es natürlich trotzdem. Wichtig ist dann, dass man ruhig bleibt und auch dem Tier diese Ruhe vermittelt. Bei einem Stich wird erst einmal herzzerreißend gejault und gewinselt, irgendwann

lässt dies aber nach. Der Hund beißt oder leckt dann an der entsprechenden Stelle herum und tritt – falls es die Pfote ist – eventuell auch nicht mehr auf.
Heben Sie Ihren Hund am besten sofort hoch und versuchen den Stachel schnellstmöglich zu entfernen, falls dieser nicht bereits von allein herausgefallen ist.
Zu Hause angekommen kann man versuchen die Pfote beziehungsweise die entsprechende Stelle zu kühlen, um eine zu starke Schwellung zu vermeiden und den Schmerz etwas zu lindern. Meine Hündin mochte das damals allerdings gar nicht, da sie Wasser und alles Kalte einfach nicht leiden kann.
Das Wichtigste bei einem Insektenstich ist vor allem, dass man selbst ruhig und gelassen reagiert. Man sollte sich die Panik und Angst nicht anmerken lassen, sondern dem Hund Sicherheit vermitteln. Signalisieren Sie ihm, dass Sie wissen, was Sie tun. Für den Hund passiert hier gerade etwas nicht Nachvollziehbares, denn wo kommt der plötzliche Schmerz eigentlich her und warum geht dieser nicht wieder weg?
Geben Sie Ihrem Hund nun eine Möglichkeit zum Rückzug. Vermutlich verzieht er sich, zu Hause angekommen, sowieso sofort in eine Ecke, unter ein Bett oder an seinen Lieblingsplatz. Vor allem braucht er nun aber einfach Zeit, um sich zu beruhigen. Geben Sie ihm diese, behalten Sie aber den Hund dabei stets im Auge, damit Sie einen möglichen Schock oder eine allergische Reaktion sofort bemerken. Wenn sich der Zustand, abgesehen von der Aufregung, verändert oder wenn die Stelle rund um den Stich zu stark anschwillt, dann sollte man schnell zum Tierarzt, da auch Hunde allergisch auf Bienenstiche reagieren können. Es ist allerdings recht selten.
Das Wichtigste ist und bleibt aber einfach Ruhe, denn wenn man Ruhe dem Hund vermittelt, ist dieser auch schnell wieder entspannt und der fiese Bienenstich ist schon bald vergessen.

Impfung

Man kann seinen Hund gegen die wichtigsten und gefährlichsten Infektionskrankheiten (Staupe, Hepatitis, Parvovirose, Leptospirose und Tollwut) impfen lassen. Auch eine Impfung gegen Virushusten (umgangssprachlich auch als Zwingerhusten bekannt) ist aufgrund der hohen Ansteckungsgefahr ratsam. Die oben genannten Infektionskrankheiten sind in Deutschland zwar äußerst selten, nehmen jedoch einen schwerwiegenden Verlauf und können dann im schlimmsten Fall auch tödlich enden. Mit der Globalisierung und vermehrten Auslandsreisen sowie durch die vielen Tierheimhunde, die (oft ohne Impfschutz) aus dem Ausland nach Deutschland geholt werden, steigt die Gefahr, dass sich solche Infektionskrankheiten wieder ausbreiten. Leptospirose hingegen kann sich jeder Hund beim Trinken aus stehenden Gewässern oder Pfützen, in denen sich die entsprechenden Krankheitserreger angesiedelt haben, zuziehen. Um von vorneherein auf der sicheren Seite zu sein, empfehle ich daher, einen Hund entsprechend impfen zu lassen.

TOLLWUTIMPFUNG IST WICHTIG

Ein nicht gegen Tollwut geimpfter Hund, der sich mit Tollwut angesteckt hat oder der auch nur Kontakt zu einem tollwütigen Tier hatte, muss per Gesetz sofort getötet werden. Eine tierärztliche Behandlung gegen die Tollwuterkrankung ist bei Tieren verboten. Außerdem müssen alle Hunde, mit denen man eine Veranstaltung besuchen oder verreisen möchte, ohnehin eine Tollwutimpfung nachweisen, die im EU-Heimtierausweis eingetragen wird. Auch die Identifizierung durch einen Mikrochip ist Voraussetzung für das Verreisen mit dem Hund.

Eine Impfung kann Nebenwirkungen haben, was auch der Grund dafür ist, dass es eine Reihe von Gegnern gibt. Am Ende muss jeder selbst die Entscheidung treffen, wie viel geimpft wird, doch zumindest die Tollwutimpfung sollte auf gar keinen Fall versäumt werden.
Eine Impfung beginnt immer mit der Grundimmunisierung. Das heißt, es wird dreimal mit jeweils vierwöchigem Abstand geimpft, um einen ausreichenden Impfschutz zu erreichen. Danach genügt es, den Impfschutz einmal jährlich zu erneuern. Einige Impfungen brauchen sogar nur alle zwei bis drei Jahre aufgefrischt zu werden. Lassen Sie sich von Ihrem Tierarzt genauer informieren.

Giftige Lebensmittel im Alltag

Hunde nehmen gern alles Mögliche in ihr Maul, erst recht, wenn sie noch jung sind. Immer alles zu verbieten ist schwer, alles zu sehen ist fast unmöglich. Daher ist es auch besonders wichtig zu wissen, welche Lebensmittel für Hunde wirklich gefährlich beziehungsweise giftig sind.
Ausgewachsene Hunde vertragen dabei natürlich weit mehr als Welpen, doch gerade bei den kleinen Rassen wie Chihuahuas können oft schon minimale Dosen für große Probleme sorgen. Hier also eine kleine Zusammenstellung von Dingen aus dem Alltag, die für Hunde stark giftig sind. Oder anders gesagt: Die giftigsten Lebensmittel für Hunde in der Übersicht.

- **Schokolade**

Oft unterschätzt und dennoch sehr gefährlich ist die Schokolade. Gerade zur Weihnachtszeit oder zu Ostern fressen Hunde gern mal Schokolade vom Tisch.

Hier sollte wirklich aufgepasst werden, denn Schokolade enthält einen Giftstoff, welcher bei Hunden schnell gefährlich wird.

- **Weintrauben/Rosinen**

Weintrauben beziehungsweise Rosinen sind alles andere als gesund für den Hund, auch wenn die Dosis hier etwas größer sein muss, damit sie wirklich gefährlich wird. Bei einem Welpen reichen dennoch meist kleine Mengen aus, um giftig zu wirken.

- **Zwiebeln**

Auch Zwiebeln werden nur selten als giftig wahrgenommen, dabei sind sie wirklich schädlich für das Tier. Sie zerstören unter anderem die roten Blutkörperchen der Vierbeiner, was schnell für Stress und Probleme sorgt.

- **Knoblauch**

Genau wie die Zwiebel ist auch Knoblauch alles andere als gesund für Hunde. Hier reichen ebenfalls bereits geringe Mengen aus, um tatsächlich Schaden anzurichten. Mal davon abgesehen, wer will schon einen Hund der nach Knoblauch riecht?

- **Rohe Kartoffeln**

Nachtschattengewächse enthalten sogenanntes Alkaloid und sind nie ganz ungefährlich. Bei rohen Kartoffeln ist deshalb ebenfalls Vorsicht angebracht, da sie in größeren Mengen durchaus eine Gefahr für kleine Hunde sein können.

- **Obstkerne**

Gern werden Küchenreste an den Hund verfüttert, doch so richtig zu empfehlen ist das nicht unbedingt. Obstkerne beispielsweise enthalten oft Blausäure, daher

sollten sie entweder komplett herausgesucht werden oder auf eine Fütterung mit kernigem Obst wird ganz verzichtet. Letzteres ist wohl angebracht.

- **Avocado**

Avocado mag den Menschen gut schmecken, doch Hunde bekommen durch sie starke Schwierigkeiten mit ihrem Herzen. Enthalten in Avocados ist der Giftstoff Persin, welcher den Herzmuskel dauerhaft schädigt und so für massive Probleme beim Hund beziehungsweise bei dessen Herz sorgen kann. Größte Vorsicht ist also auch bei Avocados angesagt.

- **Zigaretten**

Für Raucher sind Zigaretten durchaus als „Lebensmittel" zu sehen. Sie vergessen allerdings oft, dass Hunde, insbesondere natürlich Welpen, gern überall schnüffeln und alles in den Mund nehmen. Wer seinen Tabak also liegen lässt, vergiftet damit eventuell seinen Hund. Alte Stummel auf der Straße oder gar im Wasser (Pfützen), von dem der Hund trinkt, sollten unbedingt beachtet werden.

Das waren nun die giftigsten Lebensmittel für Hunde. Okay, Zigaretten sind nicht wirklich ein Lebensmittel, doch gerade weil sie für viele zur alltäglichen Gewohnheit gehören, wird oft vergessen, sie entsprechend wegzuräumen oder zu verschließen. Im Allgemeinen lässt sich am Ende demnach sagen, dass bestimmte Lebensmittel von Menschen meistens alles andere als gut für den Hund sind. Wer seinen Vierbeiner also mit richtigem Futter versorgt, anstatt ihm ständig bei Tisch etwas abzugeben, der wird auch kaum Probleme mit versteckten Giften und ähnlichen Dingen haben.

ZUM SCHLUSS

Sie haben sich nun für einen Kleinhund entschieden. Vielleicht weil Ihnen die entsprechende Rasse so gut gefallen hat, vielleicht aber auch aus praktischen Gründen, schließlich ist vieles mit einem kleinen Hund deutlich einfacher, vom Transport bis hin zur Sauberkeit. Sogar bei einer Flugreise kann man einen Kleinhund mit in die Kabine nehmen und muss ihn nicht in einer Transportbox allein im Frachtraum lassen.

Doch nein, Sie haben keinen Schoßhund. Es gibt keinen Schoßhund, es hat nie einen gegeben, zumindest nicht in der Natur. Schoßhunde sind Hunde, die keinerlei normales Verhalten mehr zeigen, oft eher gestört wirken. Daher lassen Sie Ihren Hund bitte bei jeder Gelegenheit frei oder an der Leine laufen, spielen Sie mit ihm, machen Sie Sport mit ihm, behandeln Sie ihn wie einen vollkommen normalen Hund, denn genau das ist er auch. Sorgen Sie für seine Erziehung, setzen Sie ihm klare Grenzen und kämpfen Sie dagegen an, das Tier als kleines, schwaches Wesen zu sehen. Auch Kleinhunde verhalten sich wie ganz normale Hunde, behandeln Sie sie bitte auch entsprechend.

Am Schluss möchte ich noch auf ein ganz anderes Thema kurz eingehen. Hundebesitzer müssen sich nämlich im Klaren sein, dass es eine Menge Gefahren für ihren Vierbeiner gibt.

Diese sollten zwar beachtet, aber nicht überbewertet werden. Theoretisch kann ein Hund nämlich auf unzählige Arten und durch die verschiedensten Ursachen ums Leben kommen. Doch der Tod durch einen Unfall oder ein Unglück geschieht doch eher selten.

Besonders die Halter kleiner Hunderassen bekommen aber jede Menge Geschichten über mögliche Unfälle zu hören – so ging es auch mir. Das sind Geschichten, die sicherlich interessant sind, sich auf die richtige Erziehung aber eher negativ auswirken.

Lassen Sie solche „Storys“ nicht zu sehr an sich heran, denn erzählt wirken die meisten Geschichten zum einen noch deutlich schlimmer, als sie ursprünglich einmal waren, zum anderen sorgen sie nur für Unsicherheit und übertriebene Vorsicht. Natürlich sollte man achtsam mit seinem Welpen und natürlich auch dem erwachsenen Hund umgehen und auf seine Sicherheit achten, doch eben in einem gesunden Maße und nicht überängstlich.

Denn wer seinen Hund in Watte packt, bekommt am Ende nur ein unsicheres, ängstliches Wesen. Das mag manch einer vielleicht mögen, doch artgerecht ist solch eine Behandlung ganz sicher nicht, ein glückliches Leben ist für solche Sensibelchen auch nur eingeschränkt möglich. Sehen Sie alles nicht so eng. Seien Sie zwar achtsam, aber keinesfalls ängstlich.

Einen Hund zu erziehen, heißt nicht, sein bester Freund zu sein. Die Entscheidungen und das Durchhaltevermögen sind dabei durchaus mit denen eines Vaters oder einer Mutter vergleichbar, denn auch diese möchten für das eigene Kind nur das Beste, obwohl sich der Nachwuchs oft gegen sie stellt. Gleiches gilt für kleine Hunde. Denn ob nun in der Pubertät oder im Alltag, nicht immer ist Herrchen oder Frauchen der beste Freund.

Ein Alphatier zu sein heißt vor allem auch, klare Grenzen zu setzen und Chef zu sein, dem Hund zu vermitteln, was richtig und was falsch ist. Dabei wird dieser manchmal trotzig reagieren und manches Mal nicht hören, doch dennoch ist Durchhaltevermögen gefragt.

Die schöne gemeinsame Zeit voll Vertrauen kommt später, denn Erziehung heißt vor allem konsequent handeln. Ein wichtiger Gedanke, den jeder ständig im Kopf behalten sollte, um sich immer wieder auf den richtigen Weg zu bringen.
In diesem Sinne wünsche ich Ihnen viel Freude mit Ihrem Kleinhund!

ZUM WEITERLESEN

Ferber, Renate: **Hundeleckerli selbst backen.** Oertel+Spörer, 2011.
Hartmann, Michael: **Patient Hund.** Oertel+Spörer, 2010.
Kien, Sandy: **Mit Russell Terriern leben.** Oertel+Spörer, 2012.
Knötzele, Peter: **Der Hund ist des Thrones wert.** Oertel+Spörer, 2011.
Koller, Raphaela: **BARF-Rezepte.** Oertel+Spörer, 2013.
Rauth-Widmann, Brigitte: **Welpen – Mit dem Hund durchs erste Jahr.** Oertel+Spörer, 2010.
Reichenbach, Uta: **Wie Hunde kommunizieren. Hundesprache richtig verstehen.** Oertel+Spörer, 2011.
Reichenbach, Uta und Lehari, Gabriele: **Der zuverlässige Begleithund.** Oertel+Spörer, 2009.
Reisert, Christiane: **Wo drückt die Pfote? Wenn Hunde krank sind.** Oertel+Spörer, 2011.
Rose, Susanne: **Sheltie.** Oertel+Spörer, 2011.
Schuhmeir, Wieland: **Problem Hund? Verhaltensprobleme erkennen – lösen – vorbeugen.** Oertel+Spörer, 2011.
Sinner, Tanja und Lehari, Gabriele: **Obedience.** Oertel+Spörer, 2010.
Tschischke, Cornelia: **Homöopathie für eine gesunde Hundeseele.** Oertel+Spörer, 2011.
Verma, Vinod: **Ayurveda für Hunde.** Oertel+Spörer, 2012.
Werner, Tina: **Wellness für Hunde. Massage und Physiotherapie für jeden Tag.** Oertel+Spörer, 2010.